MATEMÁTICA E FÍSICA: APROXIMAÇÕES

Otto Henrique Martins da Silva

MATEMÁTICA E FÍSICA: APROXIMAÇÕES

2ª edição

Rua Clara Vendramin, 58, Mossunguê
CEP 81200-170, Curitiba, PR, Brasil
Fone: (41) 2106-4170
www.intersaberes.com
editora@intersaberes.com

Conselho editorial – *Dr. Alexandre Coutinho Pagliarini*
Drª Elena Godoy
Dr. Neri dos Santos
Mª Maria Lúcia Prado Sabatella

Editora-chefe – *Lindsay Azambuja*

Gerente editorial – *Ariadne Nunes Wenger*

Assistente editorial – *Daniela Viroli Pereira Pinto*

Edição de texto – *Caroline Rabelo Gomes*

Capa – *Sílvio Gabriel Spannenberg (design), SomjaiKing, sumkinn, Anton Mislawsky, Night_Lynx, Rawpixel.com e m.jrn/Shutterstock (imagens)*

Projeto gráfico – *Bruno Palma e Silva*

Diagramação – *Sincronia Design*

Iconografia – *Regina Claudia Cruz Prestes*

Dados Internacionais de Catalogação na Publicação (CIP)
(Câmara Brasileira do Livro, SP, Brasil)

Silva, Otto Henrique Martins da
　　Matemática e física : aproximações / Otto Henrique Martins da Silva. -- 2. ed. -- Curitiba, PR : InterSaberes, 2024.

　　Bibliografia.
　　ISBN 978-85-227-0932-8

　　1. Física – Estudo e ensino 2. Matemática – Estudo e ensino I. Título.

23-184946
　　　　　　　　　　　　　　　　CDD-530.7
　　　　　　　　　　　　　　　　CDD-510.7

Índices para catálogo sistemático:
1. Física : Estudo e ensino　530.7
2. Matemática : Estudo e ensino　510.7

Eliane de Freitas Leite – Bibliotecária – CRB 8/8415

1ª edição, 2017.

2ª edição, 2024.

Foi feito o depósito legal.

Informamos que é de inteira responsabilidade do autor a emissão de conceitos.

Nenhuma parte desta publicação poderá ser reproduzida por qualquer meio ou forma sem a prévia autorização da Editora InterSaberes.

A violação dos direitos autorais é crime estabelecido na Lei n. 9.610/1998 e punido pelo art. 184 do Código Penal.

Sumário

Apresentação 7

Como aproveitar ao máximo este livro 9

1. Matemática e física   13

    1.1   Considerações iniciais   14

    1.2   A matemática como estruturante do conhecimento físico   19

2. Interdisciplinaridade e contextualização   39

    2.1   Documentação oficial   39

    2.2   Interdisciplinaridade na pesquisa e no ensino   48

3. Aproximações: problematizações e modelos matemáticos e físicos   65

    3.1   Tematização, problematização e resolução de problemas   66

    3.2   Modelagem matemática   74

4. Aulas contextualizadas e perspectiva interdisciplinar 85

    4.1   Retomando a discussão 85

    4.2   Sugestões de trabalhos desenvolvidos em sala de aula 88

Considerações finais 123

Referências 125

Bibliografia comentada 141

Respostas 143

Sobre o autor 147

Apresentação

Nesta obra, apresentamos e discutimos temas fundamentais do ensino das disciplinas de Matemática e Física* na educação básica. Dessa forma, analisamos os grandes problemas inerentes ao ensino dessas matérias e que são, frequentemente, alvos de reclamações dos professores, devido, sobretudo, a um distanciamento que existe entre elas. Nossa missão é buscar uma forma de aproximá-las e estabelecer entre elas uma interdisciplinaridade que possibilite a todos compreender mais facilmente os conceitos que ambas transmitem.

Para tanto, investigamos a natureza dessas disciplinas, ou seja, os aspectos históricos e epistemológicos desenvolvidos no decurso da criação dos conhecimentos de cada uma delas e lançamos mão das

---

* Nesta obra, as disciplinas de Matemática e de Física estão grafadas com a inicial em caixa-alta; no entanto, quando nos referimos às áreas do conhecimento, grafamo-las com as iniciais em caixa-baixa – matemática e física. Isso também vale para outras ocorrências, como biologia/Biologia, filosofia/Filosofia e química/Química.

abordagens pedagógicas relacionadas à contextualização e à interdisciplinaridade para, enfim, estudá-las em conjunto.

Nesse sentido, no primeiro capítulo, descrevemos a formação dos conhecimentos físicos e matemáticos procurando desvendar o papel que cada um teve – e ainda tem – no desenvolvimento do outro. Com base nessa pesquisa, tentamos identificar a causa do distanciamento que ocorre no âmbito do ensino das duas disciplinas e como equacioná-las de acordo com as relações pedagógicas que existem entre elas.

No capítulo seguinte, discutimos sobre a presença da contextualização e da interdisciplinaridade nos documentos oficiais da educação no Brasil. Verificamos como essas concepções de ensino são tratadas no cenário escolar brasileiro por meio de alguns trabalhos realizados por pesquisadores experientes nessa área. Ao mesmo tempo, procuramos apontar caminhos para que essas metodologias possam ser aplicadas no processo de ensino e aprendizagem promovido pelos professores de matemática e de física.

Reservamos o terceiro capítulo para tratarmos das abordagens problematizadoras e da modelagem matemática como formas de conduzir o exercício do magistério nas duas disciplinas. Para isso, analisamos a interpretação de pesquisadores renomados nas áreas de educação em ciência e em educação matemática.

Por fim, no último capítulo, destacamos diversos trabalhos propostos por pesquisadores e professores que buscam refletir as ideias apresentadas nos capítulos anteriores. Nessas atividades, podemos perceber claramente o potencial pedagógico que a aproximação entre a Matemática e a Física possibilita para a formação de propostas de ensino para ambas as disciplinas, visando, principalmente, à formação completa de nossos alunos.

Como aproveitar ao máximo este livro

Empregamos nesta obra recursos que visam enriquecer seu aprendizado, facilitar a compreensão dos conteúdos e tornar a leitura mais dinâmica. Conheça a seguir cada uma dessas ferramentas e saiba como elas estão distribuídas no decorrer deste livro para bem aproveitá-las.

Introdução do capítulo

Logo na abertura do capítulo, informamos os temas de estudo e os objetivos de aprendizagem que serão nele abrangidos, fazendo considerações preliminares sobre as temáticas em foco.

Síntese

Ao final de cada capítulo, relacionamos as principais informações nele abordadas a fim de que você avalie as conclusões a que chegou, confirmando-as ou redefinindo-as.

Atividades de autoavaliação

Apresentamos estas questões objetivas para que você verifique o grau de assimilação dos conceitos examinados, motivando-se a progredir em seus estudos.

Atividades de aprendizagem

Aqui apresentamos questões que aproximam conhecimentos teóricos e práticos a fim de que você analise criticamente determinado assunto.

Bibliografia comentada

Nesta seção, comentamos algumas obras de referência para o estudo dos temas examinados ao longo do livro.

Matemática e física

Neste capítulo, discutimos e analisamos questões relacionadas às ciências da **matemática** e da **física** que dizem respeito não somente à natureza dessas áreas do conhecimento mas também aos aspectos dos ensinos e das aprendizagens em suas disciplinas. Por meio dessa abordagem, pretendemos aprofundar a compreensão dessas matérias sob a perspectiva histórica e epistemológica que cada uma desenvolveu ao longo do estabelecimento de seus conceitos.

Para iniciarmos essa empreitada, precisamos contemplar conteúdos e informações sobre as problemáticas relacionadas aos conhecimentos matemáticos e físicos. Dentre eles, destacamos as formulações conceituais de habilidades técnicas e de habilidades estruturantes. Além disso, apresentamos discussões acerca do papel da matemática no ensino da física e sobre os eventos determinantes para o desenvolvimento de cada uma delas.

1.1 Considerações iniciais

A matemática e a física são duas grandes áreas do conhecimento científico cujas bases históricas, filosóficas e epistemológicas se aproximam devido aos objetivos, direcionamentos e sentidos de cada uma. Nesse caso, a matemática utiliza a física, e vice-versa, em processos mútuos de compreensão e representação.

Essa relação, sobretudo a presença da matemática na física, é evidente, pois conceitos de diversos campos matemáticos são frequentemente utilizadas nos cálculos físicos. Entre eles, citamos a **álgebra**, utilizada em diversas expressões, a **geometria**, relacionada às áreas e aos volumes dos corpos, e a **trigonometria**, por meio dos ângulos e das funções trigonométricas, como o seno, o cosseno e a tangente. De maneira mais específica, a física utiliza o conceito de derivada, do cálculo diferencial, para estudar a velocidade de objetos em movimento; a série de Fourier, para analisar a propagação de calor; e a trigonometria, para compreender fenômenos relacionados à astronomia.

No entanto, a presença da matemática na física vai muito além do uso de equações e da aplicação de conhecimentos em cálculos diversos, pois existem outros vínculos históricos e epistemológicos que existem desde a gênese das duas ciências e, portanto, ocorrem relações intrínsecas e complexas entre elas. Com uma análise meramente superficial dessa ligação, não daríamos conta de compreender, em sua totalidade, o papel do conhecimento matemático na física.

Mas será que isso também se aplica quando analisamos a presença da física na matemática? Nesse caso, a resposta é *não*, pois a matemática, a princípio, não é um campo de aplicação dos conceitos físicos – embora seja uma ferramenta para expressar os fenômenos naturais, a matemática transcende a sua própria natureza fenomenológica.

Com base nesse entendimento, é necessário que as relações entre essas ciências sejam aprofundadas para que os professores possam ministrar, de maneira mais profícua, o ensino de ambas. Para isso, é interessante observarmos que, comumente, os físicos admitem que a matemática é uma poderosa ferramenta utilizada em seus estudos.

Já com os matemáticos, isso não ocorre: provavelmente, alguns deles afirmariam que a matemática, por ser uma produção abstrata dissociada da realidade concreta, tem inúmeras possibilidades aplicação. Essa hierarquia do abstrato sobre o concreto também pode ser percebida nas palavras do filósofo e matemático Bertrand Russell, segundo o qual

> A história da ciência prova sobejamente que um corpo de proposições abstratas – mesmo que, como as seções cônicas, fique dois mil anos sem afetar a vida cotidiana – pode, a qualquer momento, **ser usado** para causar uma revolução nos pensamentos e ocupações habituais de todo cidadão. Só a matemática tornou possível o uso do vapor e da eletricidade [...] A experiência não oferece qualquer meio de resolver que partes da matemática serão úteis. **A utilidade, portanto, só pode ser um consolo em momentos de desânimo e não um guia a orientar nossos estudos.** (Russell, 1977, citado por Karam, 2007, p. 3, grifo do original)

A proposta de Russell pode ser confirmada quando analisamos a história da física e vemos que o físico escocês James Clerk Maxwell previu a existência das ondas eletromagnéticas – teoria que foi validada posteriormente pelo físico alemão Heinrich Rudolf Hertz, em 1888, e também pela unificação da óptica com o eletromagnetismo, quando os cálculos matemáticos de Maxwell demonstraram que a velocidade das ondas eletromagnéticas é igual à velocidade da luz no vácuo.

Há, ainda, outros exemplos, como a previsão matemática de um ente físico – a antipartícula ou a antimatéria –, elaborada pelo engenheiro e matemático britânico Paul Dirac com a admissão de um valor negativo da solução da equação que formulou para descrever o comportamento do férmion – foi confirmada posteriormente, em 1932, com a observação do pósitron pelo físico norte-americano Carl David Anderson.

Para aprofundar mais ainda essas questões, Jules Henri Poincaré, matemático e filósofo francês, fez uma abordagem bastante interessante em sua obra *O valor da ciência*, sobre as relações entre a análise pura e a física matemática. Em relação à matemática, Poincaré (1995, p. 82) destaca que: "O matemático não deve ser para o físico um simples fornecedor de fórmulas; é preciso que haja entre eles uma colaboração mais íntima". E, especificamente em relação à física matemática e à análise pura, Poincaré (1995) entende que não há apenas uma relação de boa vizinhança entre essas áreas de estudo, pois se penetram de forma mútua e compartilham o mesmo espírito (natureza).

Ainda sobre as relações entre a física e a matemática, Poincaré (1995) aponta que a primeira não pode prescindir da segunda, pois esta oferece àquela a única linguagem que ela pode falar, ou seja, a matemática exprime o pensamento e os fenômenos físicos ao objetivar uma compreensão e uma explicação racional para eles. Assim, segundo Poincaré (1995, p. 83), "Todas as leis, pois, provêm da experiência, mas para enunciá-las é preciso uma língua especial; a linguagem corrente é demasiado pobre, e aliás muito vaga para exprimir relações tão delicadas, tão ricas e tão precisas". Para além dessa forma de expressão, a matemática também traz intrinsecamente, em sua linguagem, a generalização inerente aos conceitos, aos princípios e às leis da física.

Dessa forma, ao considerar as formulações das leis físicas com base na experiência, Poincaré (1995, p. 83) também diz que

> A experiência é individual, e a lei que dela se tira é geral; a experiência é apenas aproximada, e a lei é precisa, ou ao menos pretende sê-lo. A experiência se realiza em condições sempre complexas, e o enunciado da lei elimina essas complicações. [...]
> Em uma palavra, para extrair da experiência a lei, é preciso generalizar; é uma necessidade que se impõe ao mais circunspecto observador.
> Mas como generalizar? Evidentemente, toda verdade particular pode ser estendida de uma infinidade de maneiras. Entre os mil caminhos que se abrem diante de nós, é preciso fazer uma escolha, ao menos provisória; nessa escolha, quem nos guiará?

As generalizações das quais trata o filósofo são obtidas por meio de analogias matemáticas, ou seja, elas também representam um poderoso meio pelo qual podemos alcançar a afirmação de uma experiência física – a qual diz respeito a um fenômeno físico ou a uma dada realidade concreta. Sobre isso, Poincaré (1995) cita um exemplo segundo o qual, ao mudarmos de linguagem, percebemos a generalização de que inicialmente não suspeitávamos. Esse exemplo diz respeito às leis de Issac Newton e de Johannes Kepler:

> Quando a lei de Newton substituiu a de Kepler, ainda não conhecíamos senão o movimento elíptico. Ora, no que diz respeito a esse movimento, as duas leis só diferem pela forma; passamos de uma à outra por uma simples diferenciação.
> E contudo, da lei de Newton podemos deduzir, por uma generalização imediata, todos os efeitos das perturbações e toda a mecânica celeste. Ao contrário, se tivéssemos conservado o enunciado de Kepler, jamais teríamos visto as órbitas perturbadas dos planetas (aquelas curvas complicadas cuja equação ninguém jamais escreveu) como as generalizações naturais da elipse. Os progressos das observações só teriam servido para fazer crer no caos. (Poincaré, 1995, p. 84)

Ainda sobre o poder das analogias matemáticas, Poincaré (1995, p. 85) cita o exemplo da teoria eletromagnética:

> Quando Maxwell começou seus trabalhos, as leis da eletrodinâmica até então admitidas explicavam todos os fatos conhecidos. Não foi uma experiência nova que veio invalidá-las.
> Porém, ao enfocá-las sob um novo ângulo, Maxwell percebeu que as equações se tornam mais simétricas quando a elas acrescentamos um termo, e por outro lado esse termo era pequeno demais para produzir efeitos apreciáveis com os métodos antigos.
> Sabe-se que os pontos de vista *a priori* de Maxwell esperaram vinte anos por uma confirmação experimental; ou, se preferirem, Maxwell adiantou-se à experiência em vinte anos.

Além desses exemplos, Poincaré (1995) cita outros nos quais percebemos analogias matemáticas entre fenômenos distintos sem nenhuma relação física, como o que diz respeito à equação de Laplace, presente nas teorias da atração gravitacional de Newton, do movimento dos líquidos, do potencial elétrico, do magnetismo, da propagação do calor, entre outras.

Ao abordar as relações entre a física e a matemática, Poincaré (1995, p. 87) observa que a concepção de continuidade, embora construída pelos matemáticos, foi imposta pelo mundo exterior e, sem ela, "não haveria análise infinitesimal; toda ciência matemática se reduziria à aritmética ou à teoria das substituições". Ainda sobre essa influência, o filósofo destaca a criação das séries de Fourier, motivada pela solução de um problema relativo à propagação de calor, e da teoria das equações de derivadas parciais de segunda ordem com condições de contorno, que se desenvolveu, sobretudo, pela física e para a física. Sobre esse caso, ele argumenta que as teorias da eletricidade e do calor apresentam essas equações sob um novo aspecto e, finalmente, afirma que "a física não nos dá apenas o ensejo de resolver problemas; ajuda-nos a encontrar meios para tanto, e isso de duas maneiras. Ela nos faz pressentir a solução; sugere-nos raciocínios" (Poincaré, 1995, p. 89).

De fato, como podemos perceber, diversos problemas reais são fontes motivadoras para novas teorias matemáticas e, dessa forma, o matemático não deve prescindir dos problemas apresentados pelos físicos porque

> o desejo de conhecer a natureza teve a mais constante e feliz influência sobre o desenvolvimento da matemática. [...] o físico nos propõe problemas cuja solução espera de nós. Mas, ao nos propor esses problemas, já pagou com muita antecedência o favor que lhe poderemos prestar, se conseguirmos resolvê-los. (Poincaré, 1995, p. 86)

As discussões sobre a presença da matemática na física parecem nos mostrar que essas duas áreas do conhecimento científico e, por conseguinte, as disciplinas que as abrangem têm muita coisa em comum. Se a presença da primeira na segunda pode ser verificada sob vários aspectos – por exemplo, o destaque da hierarquia do abstrato sobre a realidade concreta, feito por Russel, ou a percepção de uma linguagem na matemática para expressar o mundo físico, segundo Poincaré, além das analogias matemáticas como uma forma de generalizar as experiências físicas –, também os problemas do mundo físico são motivos para o desenvolvimento de teorias matemáticas.

Essas visões, de fato, só aproximam as duas ciências e suas disciplinas, embora vejamos, nas práticas pedagógicas, de modo geral, certo distanciamento entre elas, o que não corresponde, historicamente, ao desenvolvimento delas, conforme demonstramos.

1.2 A MATEMÁTICA COMO ESTRUTURANTE DO CONHECIMENTO FÍSICO

No caso das ciências da natureza e, especificamente, na disciplina de Física, a linguagem desempenha um papel importante, pois apresenta especificidade ao utilizar termos científicos e, principalmente, ao estruturar o conhecimento científico de forma matematizada (Pietrocola, 2005). Essa linguagem tem não somente um aspecto descritivo mas também – e principalmente – interpretativo de seu conteúdo. E esse aspecto parece ser o fato que mais dificulta a aprendizagem das ciências, pois exige um nível de articulação cognitiva muito mais intenso e complexo do que seria necessário para a compreensão da simples descrição dos objetos estudados.

De acordo com Maurício Pietrocola (2005, p. 480): "Parte significativa das dificuldades do aprendizado das ciências se dá pela falta de consciência, por parte de professores e estudantes, sobre a dimensão interpretativa da linguagem científica". Isso se torna mais crítico à medida que avançamos no conhecimento científico, pois dependemos de recursos matemáticos mais sofisticados e mais complexos para compreendermos não só a descrição mas também, essencialmente, para formamos a estrutura linguística da qual o conhecimento físico se apropria para ser constituído.

Por isso, segundo o autor, "À medida que se atinge as fases mais avançadas do ensino de ciências, uma nova necessidade linguística se faz presente: o domínio da matemática" (Pietrocola, 2005, p. 480). Isso significa, necessariamente, que a matemática deve estar bastante presente no ensino da física, embora isso possa trazer certa ambiguidade à compreensão da natureza dos fenômenos físicos, a qual poderá se realizar, por vezes, de forma eminentemente algébrica ou sofrer com a falta de requisitos matemáticos – nesse caso, os **conteúdos** matemáticos. No ensino médio, essa questão é acentuada principalmente quando os níveis de aprendizagem de matemática se encontram baixos, pois isso dificulta a interpretação e a descrição da linguagem matemática inerente ao conhecimento físico.

Em relação a essa questão, alguns professores apontam que a dificuldade de dominar conteúdos matemáticos representa uma barreira para a aprendizagem dos conceitos da física. Essa conclusão parece um tanto precipitada, pois o problema não diz respeito somente à matemática ou à física, mas está ligado à relação que envolve as duas ciências, principalmente quando consideramos o papel da primeira no ensino da segunda. Pietrocola (2005, p. 481) ainda afirma que "Esta problemática, quando avaliada na perspectiva educacional, parece induzir a uma conclusão preliminar: há necessidade de aprofundar o papel da linguagem na constituição do conhecimento científico. Da forma como se apresenta, a matemática configura-se um obstáculo".

Essa questão tem suscitado diversas investigações sobre a relação entre a matemática e a física no ensino. Alguns pesquisadores* desenvolveram trabalhos que buscam aprofundar a discussão, principalmente na graduação, por meio da investigação do papel da disciplina de Cálculo I no ensino de física básica.

Os debates realizados sobre esse tema tendem a convergir para a compreensão de que a matemática é uma linguagem da ciência e que

> devemos analisá-la como expressão de nosso próprio pensamento, e não apenas como instrumento de comunicação. A Matemática é a maneira de estruturarmos nossas ideias sobre o mundo físico, embora possa em determinados momentos se assemelhar a uma simples descrição de objetos. [...] No entanto, sua maior importância está no papel **estruturante** que ela pode desempenhar quando do processo de produção de objetos que irão se constituir nas interpretações do mundo físico. (Pietrocola, 2002, p. 101, grifo do original)

De acordo com Pietrocola, a matemática empresta sua própria estrutura ao pensamento científico para compor os modelos físicos do mundo e, na condição de uma linguagem, constitui-se num meio de dar forma às ideias que poderão, eventualmente, tornar a realidade compreensível.

---

* Para mais detalhes sobre essa discussão, sugerimos as obras de Buteler e Coleoni (2012), Sherin (2001, 2006), Santarosa (2013) e Santarosa e Moreira (2011).

Não há sentido em se atribuir à linguagem, seja ela matemática, seja qualquer outra, papel descritivo. Ela se constituirá num meio de dar forma às ideias que poderão, eventualmente, tornar o mundo compreensível. No caso geral da linguagem empregada pelo homem, as palavras são ideias; nas ciências os conceitos têm esta função. A gramática, ortografia, sintaxe e outras características da análise linguística são formas de se articular palavras para exprimir nosso pensamento. Na ciência precisamos de regras equivalentes, pois de outra forma ser-nos-ia impossível elaborar e exprimir nossos pensamentos de forma clara, para nós mesmos e para os outros. A Matemática, por ser uma linguagem, dispõe de tais "regras" que permitem vincular os conceitos. A geometria euclidiana, com seus axiomas e teoremas, é um exemplo de linguagem matemática amplamente utilizada na Física clássica. A álgebra vetorial é outra linguagem matemática de muito uso na Física atual. A diversidade de linguagens matemáticas leva os franceses a se referirem a ela no plural (Matemáticas). Cada uma delas se estrutura de forma diferente, com gramática, sintaxe e ortografia próprias. (Pietrocola, 2002, p. 102, grifo do original)

Um exemplo do papel da linguagem matemática na elaboração do pensamento científico é o uso de vetores na formulação do conceito de força. A experiência nos indica que a força é um esforço físico realizado sobre um objeto, como levantar ou empurrar um caixote; no entanto, essa ideia não dá conta de outras propriedades que essa grandeza apresenta, como a direção e o sentido. Elas ficam evidentes ao atribuirmos ao conceito de força as características matemáticas dos vetores, que corroboram a estruturação da grandeza física ao possibilitarem uma forma e uma linguagem matemática para sua representação. Portanto, objetos como as expressões algébricas, as álgebras linear, vetorial e tensorial e as equações diferenciais e integrais são exemplos de conteúdos matemáticos que são tomados como estruturantes do conhecimento físico e que se tornam linguagens portadoras de informações, cuja compreensão ocorre por meio de suas interpretações ou de suas leituras.

Para Pietrocola (2002, p. 106, grifo do original), "um dos atributos essenciais ao educador com relação a esta questão é perceber que **não se trata apenas de saber Matemática para poder operar as teorias Físicas que representam a realidade, mas de saber apreender teoricamente o real através de uma estruturação matemática**".

Por isso, é necessário termos habilidade para com a matemática, principalmente em relação à álgebra, à geometria, à trigonometria e a outros campos, quando tomamos seus objetos como ferramentas, pois o bom domínio desses conteúdos é importante para o bom desempenho na aprendizagem de física, embora isso não seja suficiente para obtermos sucesso nessa ciência (Hudson; McIntire, 1977; Hudson; Liberman, 1982, citados por Karam; Pietrocola, 2009b). Destacamos ainda que a habilidade no uso desses conteúdos se dá num contexto de ensino de ciências e, especificamente, na disciplina de Física, ou seja, fora do ambiente matemático no qual são ensinados.

> Em relação a esta discussão, uma indagação parece ser oportuna: a matemática ensinada na disciplina de Física difere daquela ensinada na de Matemática? Ou seja, há diferença na compreensão de certos conteúdos matemáticos quando estes são abordados em uma ou em outra disciplina?

Para responder a essa questão, Ricardo Avelar Karam e Maurício Pietrocola (2009b) recorrem a Edward Redish (2005):

> Segundo o autor, o uso da Matemática na Física tem um objetivo diferente, pois se destina a representar sistemas físicos, ao invés de expressar relações abstratas. Além disso, Redish (2005) argumenta que a Matemática utilizada na Física possui uma semiótica diferente: "é quase como se a 'linguagem' da Matemática que se usa na Física fosse diferente daquela ensinada pelos matemáticos" (REDISH, 2005, p. 1). Na condição de físico, o autor fornece os seguintes argumentos para fundamentar essas diferenças:
> - *Nós [os físicos] damos nomes diferentes às constantes e às variáveis;*
> - *Nós ocultamos/ofuscamos a distinção entre constantes e variáveis;*
> - *Nós utilizamos símbolos para representar ideias em vez de quantidades;*
> - *Nós misturamos as "coisas da Física" com "coisas da Matemática" quando interpretamos as equações;*
> - *Nós atribuímos significado aos nossos símbolos;*
>
> (Karam; Pietrocola, 2009b, p. 191)

Para enfatizar a diferença entre a linguagem matemática usada na física e aquela ensinada na matemática, Karam e Pietrocola (2009b) apresentam três equações físicas:

1. $V = R \cdot i$
2. $E = h \cdot f$
3. $v = \lambda \cdot f$

Do ponto de vista matemático, as três equações podem ser compreendidas como função linear do tipo $y = k \cdot x$, em que k é uma constante e x e y são variáveis, respectivamente, independente e dependente, cuja representação gráfica corresponde a uma reta passando pela origem, conforme nos mostra o Gráfico 1.1, a seguir.

Gráfico 1.1 – Função linear

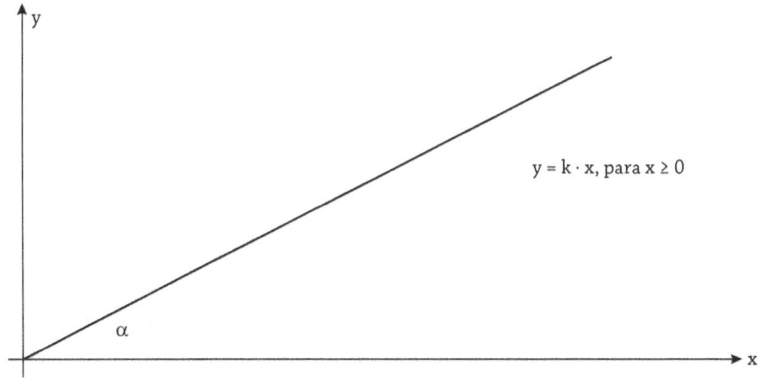

Fonte: Karam; Pietrocola, 2009b, p. 193.

De acordo com os autores, apesar da estrutura matemática aparentemente semelhante, as três equações apresentam diferenças significativas (Karam; Pietrocola, 2009b):

- Não está clara a separação entre variáveis dependentes e independentes nas equações.

- Na primeira equação, que relaciona a tensão e a corrente elétrica (lei de Ohm), é possível: 1) medirmos a corrente (i) para obtermos a tensão (V); 2) medirmos a tensão (V) para conhecermos a corrente (i); ou 3) medirmos ambas – tensão (V) e corrente (i) – para calcularmos a resistência (R) de um fio condutor.

- Para a segunda equação, não há por que determinarmos o valor da constante (h), pois ela representa um valor fixo conhecido como *constante de Planck*. Se por um lado a resistência de um fio pode mudar, a constante de Planck sempre será h = 6,626 · 10^{-34} J · s (joule-segundos). Além disso, a energia (E) de um fóton não representa uma função contínua de sua frequência (f), pois, caso esta varie, a energia assumirá valores múltiplos do produto h · f.

- Na terceira equação, denominada *equação fundamental da ondulatória*, a diferença é mais acentuada, pois tanto a velocidade (v) quanto a frequência (f) de uma onda dependem de fatores diferentes: a primeira depende das características do meio (elasticidade e inércia), e a segunda, somente da fonte. Por isso, uma alteração na frequência de onda (f) não modifica a velocidade (v) – e vice-versa – e o comprimento de onda (λ) não é constante. "Na realidade, é justamente esse parâmetro que varia para garantir a validade da equação e não haveria sentido físico algum em se traçar uma reta (v × f) na qual λ representasse a inclinação" (Karam; Pietrocola, 2009b, p. 194).

Em relação a essa distinção, Pietrocola (2008), citado por Karam e Pietrocola (2009b), propõe duas categorias para analisarmos a relação da matemática com os fenômenos do mundo físico: as **habilidades técnicas** e as **habilidades estruturantes**. Para os autores, "A primeira categoria [...] está relacionada ao domínio instrumental de algoritmos, regras, fórmulas, gráficos, equações, etc. [...] são desenvolvidas no contexto do ensino da Matemática e nem sempre estão relacionadas com qualquer tipo de aplicação e/ou situação-problema" (Karam; Pietrocola, 2009b, p. 190). Já as habilidades estruturantes correspondem à

> capacidade de se fazer um uso organizacional da Matemática em domínios externos a ela (especialmente em Física). Em outras palavras, podemos entendê-la como a habilidade de pensar matematicamente os fenômenos do mundo físico, ou, de ler esse mesmo mundo por meio de uma linguagem matemática, ou ainda, de estruturar o

mundo físico por meio da matemática (Pietrocola, 2008, citado por Karam; Pietrocola, 2009b, p. 194).

Dessa forma, as habilidades técnicas parecem estar associadas ao saber matemático ou às manipulações algébricas, por exemplo; já as habilidades estruturantes relacionam-se à capacidade de entender os problemas físicos de uma forma matematizada, por meio da linguagem matemática. Assim, as primeiras podem ser obtidas e aprimoradas no próprio ensino da matemática; porém, como podem ser adquiridas as habilidades estruturantes? De qual modo é preciso proceder para que os estudantes desenvolvam um pensamento matemático diante dos problemas de física?

Embora o conhecimento físico já esteja estruturado de modo inerente a sua própria natureza, essas habilidades aparentam ser necessárias no processo de ensino e aprendizagem da física, principalmente quando são propostos **problemas** dessa ciência. Contudo, surge uma nova dúvida: que tipos de problemas devem ser indicados para que os estudantes possam adquirir tais habilidade?

Uma análise preliminar, certamente, deve passar pela discussão sobre modelos ou modelização no ensino de física – temática que discutiremos no Capítulo 4. De acordo com Redish (2005), citado por Karam e Pietrocola (2009b, p. 195), para a formulação de modelos matemáticos, é necessário "entender quais estruturas matemáticas estão disponíveis e quais são os aspectos das mesmas que são relevantes para as características físicas que se pretende modelizar". Karam e Pietrocola (2009b, p. 195, grifo do original) complementam que "não basta saber operar mecanicamente as 'ferramentas' matemáticas como funções, logaritmos, matrizes ou vetores. É necessário identificar os **aspectos essenciais** dessas estruturas para utilizá-las no processo de modelização de fenômenos físicos".

Karam e Pietrocola (2009b, p. 181), "Partindo da hipótese de que a Matemática da Física é semanticamente diferente da ensinada nas aulas de Matemática", fundamentam a aquisição das habilidades estruturantes em uma discussão que envolve o uso da trigonometria na resolução de problemas de física no ensino médio por meio dos aspectos essenciais evidenciados nessa atividade. Porém, quais são e como podem ser evidenciados esses aspectos? O que devemos fazer para que eles possam ser identificados e, assim, melhor compreendermos o papel da matemática como estruturante do conhecimento físico? De acordo com Karam e Pietrocola (2009b, p. 196), para responder a essas questões, há a necessidade de entendermos o fenômeno físico analisado e o contexto no qual ele está inserido.

A seguir, apresentamos exemplos de problemas – em cujas resoluções as funções seno e cosseno aparecem como integrantes das fórmulas utilizadas – que fornecem subsídios que auxiliam a compreensão de quais são os aspectos essenciais de uma estrutura matemática*.

> Problema 1 – Uma força constante de intensidade F = 50 N atua sobre um corpo numa direção que forma um ângulo de 60° com seu deslocamento horizontal [Figura 1.1, a seguir]. Sabendo que ele percorre 10 m, determine o trabalho realizado por essa força.

---

* Os problemas foram criados por Karam e Pietrocola (2009b, p. 196). Segundo eles, "Muitos autores (GIL-PÉREZ et al., 1992, PEDUZZI e PEDUZZI, 2001, entre outros) criticariam prudentemente a abordagem dos mesmos, classificando-os como problemas fechados, e destacando que, ao resolvê-los, o aluno não é levado a formular hipóteses ou desenvolver estratégias. Não discordamos do posicionamento desses autores, entretanto, acreditamos que, mesmo para esses exercícios/problemas 'clássicos', é possível formular perguntas que instiguem os estudantes a refletir sobre o porquê da presença de determinadas estruturas matemáticas em fórmulas utilizadas na Física, fazendo com que os mesmos reflitam sobre algumas semelhanças existentes entre elas" (Karam; Pietrocola, 2009b, p. 196-197).

Figura 1.1 – Trabalho realizado pela força F

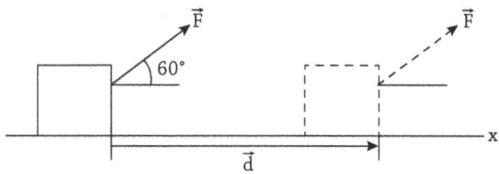

Problema 2 – Calcule o momento do binário aplicado à barra de 2 m de comprimento, conforme a figura a seguir, considerando positivo o sentido anti-horário.

Figura 1.2 – Binário

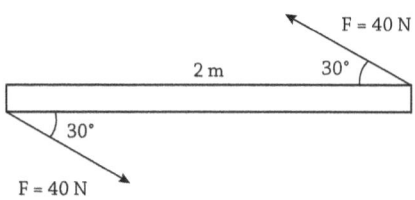

Fonte: Karam; Pietrocola, 2009b, p. 196.

Problema 3 – Uma pequena esfera eletrizada, com carga $q = 3$ µC, desloca-se com velocidade $|v| = 300$ m/s, cuja direção forma um ângulo de 30° com o vetor campo magnético $|B| = 5 \cdot 10^{-2}$ T. Qual é o módulo da força magnética que agirá sobre a carga?

Os problemas propostos não apresentam contextos relacionados ao cotidiano e se configuram como exercícios. Podemos perceber, no entanto, que os aspectos matemáticos presentes neles contemplam uma estrutura que dá suporte aos conhecimentos físicos envolvidos e implica uma linguagem matemática que possibilita comunicar conceitos da física por meio de representações ou de fórmulas – dessa linguagem, também faz parte a linguagem escrita que expressa os fenômenos físicos em questão.

A solução dos problemas, quando realizada de forma matematizada sem que os aspectos físicos sejam explorados, segue a utilização de fórmulas previamente selecionadas. Essas fórmulas, sem a notação vetorial comumente usada em cursos de graduação, são indicadas a seguir:

- **Problema 1** – O trabalho realizado pela força é dado por $W = f \cdot d \cdot \cos\theta$ (Equação A), em que W é o trabalho (J), F é a força (N), d é a distância percorrida e θ o ângulo que a força forma com a direção do deslocamento. Assim, substituindo os valores fornecidos no problema, temos: $W = 50 \cdot 10 \cdot \cos 60° \Rightarrow W = 500 \cdot \frac{1}{2} = 250$.
- **Problema 2** – O momento do binário aplicado à barra é calculado por $M = F \cdot d \cdot \sen\theta$, em que M é momento (N·m), F é a força (N), d é a distância (m) e θ o ângulo formado pela direção da força F e a barra. Logo, substituindo os valores, temos: $M = 40 \cdot 2 \cdot \sen 30° \Rightarrow M = 80 \cdot \frac{1}{2} = 40$ N·m.
- **Problema 3** – O módulo da força magnética F que atuará sobre a carga q é: $F = q \cdot B \cdot v \cdot \sen\theta \Rightarrow F = 3 \cdot 10^{-6} \cdot 5 \cdot 10^{-2} \cdot 300 \cdot \sen 30° \Rightarrow F = 4\,500 \cdot 10^{-0} \cdot \frac{1}{2} \Rightarrow F = 2\,250 \cdot 10^{-0} \Rightarrow F = 2{,}25 \cdot 10^{-5}$ N.

A forma como os problemas foram resolvidos não evidencia os aspectos físicos que poderiam ser mais bem explorados nem as razões que justificam a presença, por exemplo, das funções trigonométricas seno e cosseno nas soluções propostas. Portanto, conhecer e compreender essas razões deveriam ser priorizados, pois, de acordo com Karam e Pietrocola (2009b, p. 197, grifo do original), "a capacidade de identificar **os aspectos essenciais** que justificam a presença de uma estrutura matemática em um modelo seria uma das mais relevantes **habilidades estruturantes** previamente mencionadas".

Para que isso fosse realizado, os autores sugerem as seguintes perguntas (Karam; Pietrocola, 2009b, p. 197):

- Por que as funções trigonométricas (seno e co-seno) aparecem nas fórmulas matemáticas utilizadas na resolução destes três problemas? O que os mesmos têm em comum?
- Quais são os aspectos relevantes para que as funções trigonométricas sejam úteis como estruturas matemáticas para modelizar fenômenos físicos?
- Poderíamos trocar seno por co-seno (ou vice-versa) em cada um dos três problemas? Por quê?

Ao buscarmos respostas para esses questionamentos, podemos perceber, nas soluções propostas para os problemas, que as componentes dos vetores da força e da velocidade aparecem nas fórmulas por meio das funções seno ou cosseno. No caso do Problema 1, a componente F é paralela à direção do vetor do deslocamento – direção do eixo x –, ou seja, é dada por $F_x = F \cdot \cos\theta$ (conforme a Figura 1.3, a seguir), e o termo $F \cdot \cos\theta$, que aparece na Equação A, corresponde à projeção da força F na direção do eixo x.

Já o termo $F_y = F \cdot \text{sen}\,\theta$ corresponde à projeção da força F na direção do eixo y e não aparece na Equação A porque é perpendicular e, nesse caso, não realiza trabalho. Isso mostra que a força que realiza trabalho refere-se à componente que é paralela à direção do vetor do deslocamento. Esse fato, relacionado às componentes da força, equivale ao aspecto essencial que justifica a estrutura matemática representada pela fórmula $W = F \cdot d \cdot \cos\theta$ e diz respeito à linguagem matemática utilizada.

Figura 1.3 – *Componentes da força F com inclinação*

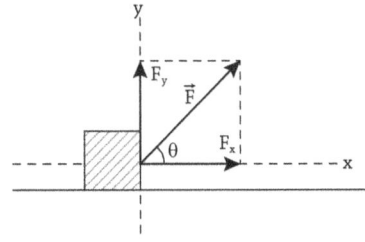

Fonte: Alves, 2014.

No entanto, há diversas situações físicas que podem ser propostas e cujas questões privilegiam outros aspectos essenciais, implicando também outras estruturas matemáticas e suas respectivas linguagens. Pode ocorrer, por exemplo, uma situação física cuja solução seja o cálculo da velocidade final de um corpo e, nesse caso, devem ser acrescentadas às funções seno e cosseno outras estruturas que podem contemplar leis, teorias ou princípio físicos e, naturalmente, uma linguagem física inerente às estruturas matemáticas.

Para o Problema 2, a situação é semelhante às rotações de corpos rígidos provocados por uma força, como acontece, por exemplo, ao abrirmos a porta de um carro ou apertarmos uma porca com uma chave de boca, conforme mostra a Figura 1.4, a seguir. Nessas situações, podemos observar que a força deve ter uma componente perpendicular ao eixo em que é aplicada, representado pela distância d. Dessa forma, temos um binário cujo objetivo é produzir uma rotação no sentido anti-horário; porém, a força F forma um ângulo θ com a distância d, igual a 2 m.

Figura 1.4 – Momento de uma força F

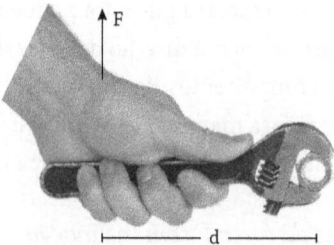

Fonte: Elaborado com base em Oliveira Paula; Martins, 2008.

Assim, a força que produz a rotação é a componente perpendicular à barra (F · sen θ), conforme mostra a Figura 1.5, e a componente paralela à direção da barra (F · cos θ) não contribui para com o movimento. Assim, podemos caracterizar o termo F · sen θ como essencial para a compreensão da estrutura matemática representada pela fórmula M = F · d · sen θ, correspondendo também, nesse caso, à linguagem matemática utilizada.

Também, como no primeiro problema, existem diversas situações físicas que podem explorar outras questões relacionadas, como o movimento de rotação de corpos rígidos. Nesse caso, poderíamos sugerir abordagens vinculadas ao cálculo da aceleração angular, considerando o momento de inércia do corpo; ou conceitos envolvendo a conservação da energia mecânica, considerando as energias cinéticas de translação e de rotação; ou, ainda, a utilização da conservação do momento angular do corpo rígido, considerando a velocidade angular e o momento de inércia desse corpo. Essas formas de solução envolvem, naturalmente, outras estruturas matemáticas que podem ser mais bem compreendidas com base em aspectos essenciais a serem evidenciados em cada uma delas.

Figura 1.5 – Componentes perpendiculares da força F

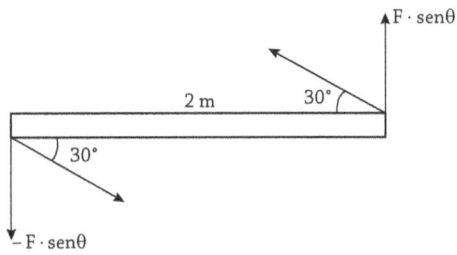

Fonte: Karam; Pietrocola, 2009b, p. 196.

Na estrutura matemática apresentada no Problema 3 ($F = q \cdot B \cdot v \cdot \text{sen } \theta$), aparece o termo $v \cdot \text{sen } \theta$, cuja presença é justificada pela atuação da força magnética que só se manifesta sobre uma carga elétrica quando esta tem uma componente de velocidade perpendicular à direção do campo magnético. A Figura 1.6, a seguir, mostra as duas componentes da velocidade da carga elétrica (perpendicular e paralela), movendo-se num campo magnético $\vec{B}$. A componente perpendicular ao campo é dada por $v \cdot \text{sen } \theta$. Isso corresponde ao aspecto essencial que contribui para a compreensão da estrutura matemática apresentada e também para parte da linguagem matemática utilizada na constituição do conceito de força magnética. Do mesmo modo que nos dois problemas anteriores, outras situações físicas relacionadas aos movimentos circular e helicoidal podem ser sugeridas, as quais também estarão relacionadas a diversas estruturas matemáticas que podem ser mais bem compreendidas ao serem destacados os respectivos aspectos essenciais de cada situação.

Figura 1.6 – Componentes da velocidade v de uma carga num campo B

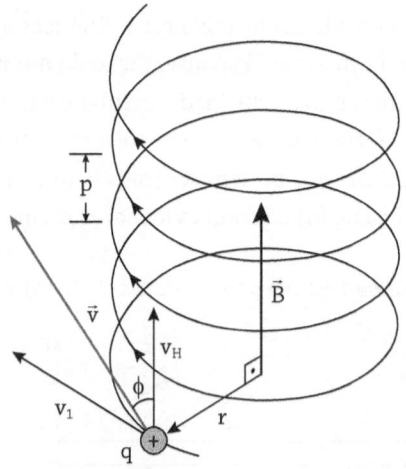

Fonte: Movimento..., 2013.

De acordo com Karam e Pietrocola (2009b, p. 198), os aspectos semânticos também devem ser observados na análise dos problemas, pois pode haver uma "diferença hipotética entre a Matemática das aulas de Matemática e a necessária para a descrição de fenômenos físicos". Nos três problemas em questão, isso está relacionado às formas de abordagens das funções seno e cosseno como projeções sobre as direções – comuns na disciplina de Física, enquanto nas aulas de Matemática essas funções podem ser elaboradas pelas razões entre os catetos e a hipotenusa de um triângulo retângulo.

Essa pequena diferença de abordagem pode induzir os estudantes a pensar que os conteúdos estudados nas disciplinas de Matemática e de Física são distintos; porém, não o são. Contudo, as experiências pedagógicas sobre essa questão contribuem para conjecturarmos que os professores de ambas as matérias ensinam esses conceitos como se fossem distintos – o que contribuiu para um maior distanciamento entre as duas disciplinas.

Como salientamos no início do livro, com as discussões desenvolvidas até o momento, almejamos compreender melhor os papéis que cada disciplina desempenha no ensino da outra, para que haja uma maior aproximação entre elas. O quanto elas devem se aproximar não é uma questão determinante para nós, pois isso está associado à compreensão e à interpretação dos objetos de ensino de que cada uma trata. Em relação à disciplina de Física, por exemplo, importa para nós quando ela utiliza funções ou equações matemáticas para expressar outros objetos de ensino, como os estudos dos movimentos ou a formulação de princípios físicos – ou até mesmo quando esses conhecimentos estão sendo empregados na resolução de problemas físicos. Na verdade, por um lado, a ciência física usa a matemática como uma forma de estruturar seu conhecimento, ou seja, essa condição está muito presente no processo de ensino e aprendizagem da disciplina de Física. Por outro, a física parece ser um campo bastante promissor para a aplicação de conteúdos matemáticos, principalmente quando percebemos quais modelos matemáticos devem ser empregados nas soluções de problemas físicos.

Dada a discussão do papel da matemática no ensino da física, fica aqui o desafio de pensarmos nessa relação de forma pedagogicamente proveitosa, ou seja, que os ensinos da disciplinas de Matemática e de Física interajam entre si e que isso contribua para a melhoria da aprendizagem de ambas.

Síntese

Neste capítulo, discutimos o papel da matemática na física com base no conceito que define a matemática como uma produção humana e abstrata dissociada da realidade concreta, mas cujos objetos de estudo têm inúmeras possibilidades de aplicação em outras ciências. Verificamos que o caminho inverso também pode ocorrer, especificamente em relação à física, pois fenômenos físicos influenciaram o desenvolvimento e a criação de teorias matemáticas.

Em busca de aproximar o ensino das duas ciências por meio de suas respectivas disciplinas, observamos que a matemática é uma linguagem que possibilita a expressão dos conceitos físicos e, por isso, foi desenvolvida a concepção de que ela estrutura os conhecimentos estudados pela física. Dessa forma, o entendimento dos papéis de ambas as ciências pressupõe a aquisição de habilidades técnicas e estruturantes pelos alunos, o que deve ser estimulado pelos professores das duas matérias.

ATIVIDADES DE AUTOAVALIAÇÃO

1. De acordo com a visão sobre o conhecimento matemático concebida por Bertrand Russell (citado por Karam, 2007), assinale a alternativa correta:

    a) A história da ciência prova que a matemática é um corpo de proposições abstratas que pode, a qualquer momento, ser usado para causar uma revolução no entendimento da realidade concreta.

    b) A história da ciência mostra que a matemática é um corpo de conhecimento abstrato, mas determinado pela atividade humana sobre uma dada realidade concreta.

    c) A história da ciência comprova que a matemática é uma criação humana desenvolvida com base na interação do homem com sua realidade concreta.

    d) A história da ciência atesta a matemática como uma atividade humana e abstrata dissociada e independente da realidade concreta.

2. Assinale a alternativa que corresponde a exemplos que confirmam a concepção de Bertrand Russell em relação à matemática e aos fenômenos físicos:

    a) A criação do cálculo diferencial por Isaac Newton.

    b) O desenvolvimento da termodinâmica.

    c) A confirmação da previsão da antipartícula pelo matemático e engenheiro britânico Paul Dirac.

    d) As analogias matemáticas aplicadas aos fenômenos ondulatórios e de transmissão de calor.

3. Assinale a alternativa que apresenta corretamente uma concepção de Henri Poincaré:

a) Para que o matemático seja um fornecedor de fórmulas para o físico, é necessário que haja, entre eles, uma colaboração mais íntima.

b) Embora o físico possa prescindir da matemática, esta lhe oferece a única linguagem que ele pode falar, que exprime o pensamento e os fenômenos físicos ao objetivar compreendê-los por meio de uma explicação racional.

c) Nem todas as leis da física provêm da experiência; no entanto, para enunciá-las, é preciso uma linguagem especial – a matemática, no caso –, embora a linguagem corrente (escrita) seja suficiente para exprimir relações delicadas, ricas e precisas.

d) A experiência é individual e a lei que cada um tira dela é geral; a experiência é apenas aproximada, e a lei, precisa – ou, ao menos, pretende sê-la. Em uma palavra, para extrair da experiência a lei, é preciso generalizar; é uma necessidade que se impõe ao mais circunspecto observador.

4. Assinale a afirmativa que está de acordo com o texto de Pietrocola (2005, p. 480):

> Parte significativa das dificuldades do aprendizado das ciências se dá pela falta de consciência, por parte de professores e estudantes, sobre a dimensão interpretativa da linguagem científica. [...] À medida que se atinge as fases mais avançadas do ensino de ciências, uma nova necessidade linguística se faz presente: o domínio da matemática.

a) A ciência, embora difira do conhecimento comum, pode plenamente ser expressa pela linguagem materna.

b) A dimensão interpretativa da linguagem científica não tem relação com as dificuldades de aprendizagem.

c) O domínio da matemática não está associado à linguagem que expressa o conhecimento científico.

d) A linguagem científica tem dimensões tanto interpretativas quanto de domínio da matemática.

5. Pietrocola (2008) propõe duas categorias pelas quais a relação da Matemática com os fenômenos do mundo físico podem ser analisadas: as habilidades técnicas e as habilidades estruturantes. Sobre isso, assinale a alternativa correta:

   a) As habilidades técnicas correspondem ao domínio instrumental de algoritmos, regras, fórmulas, gráficos, equações etc., desenvolvidas no contexto do ensino da matemática. Já as habilidades estruturantes correspondem à capacidade de se fazer um uso organizacional da matemática em domínios externos a ela.

   b) As habilidades técnicas correspondem à rapidez na aplicação de algoritmos, regras, fórmulas, gráficos, equações etc. Já as habilidades estruturantes correspondem à compreensão do conhecimento da matemática.

   c) As habilidades técnicas dizem respeito aos recursos técnicos instrumentais desenvolvidos no contexto do ensino da matemática. Já as habilidades estruturantes correspondem à organização do currículo da matemática.

   d) As habilidades técnicas estão relacionadas às tecnologias educacionais desenvolvidas no contexto do ensino da matemática. Já as habilidades estruturantes correspondem ao conhecimento matemático produzido na área de matemática.

ATIVIDADES DE APRENDIZAGEM

Questões para reflexão

1. O trecho a seguir, de Juan Ignácio Pozo e Miguel Angel Crespo (1981, p. 81), citados por Karam e Pietrocola (2009b, p. 188, grifo do original), demonstra a dificuldade de reconhecer a diferença entre um problema matemático e um problema científico:

   Nos problemas quantitativos aparecem juntos, em muitos casos, **superpostos o problema matemático e o problema científico. Onde está a fronteira entre eles?** Onde termina um e começa o

outro? [...] os alunos consideram ter resolvido um problema quando obtêm um número (solução matemática), sem parar para pensar no significado desse número dentro do contexto científico no qual está enquadrado o problema (solução científica).

Agora, procure em livros didáticos (de matemática ou de física) três problemas resolvidos em que ocorrem as questões destacadas no texto e faça uma análise crítica das soluções adotadas.

2. Quais experiências de sala de aula, no ensino da matemática ou da física, corroboram a opinião de Tatiana Roque (2005, p. 292), citada por Karam e Pietrocola (2009b, p. 189, grifo do original), no texto a seguir?

Uma análise que **considere separadamente os aspectos físico e matemático de um problema** pressupõe, mesmo que implicitamente, que a Física trabalha com a realidade, ao passo que a Matemática deve fornecer as condições formais para a descrição física desta realidade. O preço dessa suposição é o de relegar, ao mesmo tempo, a Física a um saber incapaz de se legitimar a si mesmo e a Matemática a uma abstração, a uma mera formalização sem mundo. **Este preço é alto, pois tem por consequência um enfraquecimento de ambas, tanto da Matemática como da Física.**

Atividade aplicada: prática

1. Leia o artigo a seguir e faça uma resenha crítica, apontando as principais argumentações dos autores sobre os temas discutidos neste capítulo:

KARAM, R.; PIETROCOLA, M. Discussão das relações entre matemática e física no ensino de relatividade restrita: um estudo de caso. In: ENCONTRO NACIONAL DE PESQUISA EM EDUCAÇÃO EM CIÊNCIAS, 7., 2009, Florianópolis. **Anais**... Rio de Janeiro: Abrapec, 2009. Disponível em: <https://fep.if.usp.br/~profis/arquivos/viienpec/VII%20ENPEC%20-%202009/www.foco.fae.ufmg.br/cd/pdfs/1529.pdf>. Acesso em: 5 dez. 2023.

Interdisciplinaridade e contextualização

Neste capítulo, analisamos a **contextualização** e a **interdisciplinaridade** no contexto educacional brasileiro com base em documentos oficiais e nas concepções de pesquisadores acerca dessas abordagens pedagógicas.

Inicialmente, verificamos como ambas estiveram presentes nos documentos oficiais das edições das Diretrizes Curriculares Nacionais e dos Parâmetros Curriculares Nacionais até suas últimas publicações, no ano de 2012, para então tratar do modo como esses documentos reverberam nos espaços escolares da educação básica.

2.1 Documentação oficial

A contextualização e a interdisciplinaridade talvez estejam entre as palavras que mais aparecem na grande maioria das discussões sobre problemas relacionados ao processo de ensino e aprendizagem. Isso não poderia ser diferente, visto que, nos últimos 20 anos, essas propostas têm sido introduzidas no meio escolar por meio dos documentos oficiais elaborados pelo Ministério da Educação (MEC), dentre os quais destacamos:

- Lei n. 9.394, de 20 de dezembro de 1996 (Brasil, 1996) – Lei de Diretrizes e Bases da Educação (LDB);
- Resolução n. 3, de 26 de junho de 1998 (Brasil, 1988) e sua versão mais atual, a Resolução n. 2, de 30 de janeiro de 2012 (Brasil, 2012), da Câmara de Educação Básica (CEB), do Conselho Nacional de Educação (CNS), que definem as Diretrizes Curriculares Nacionais para o Ensino Médio (DCNEM);
- Parâmetros Curriculares Nacionais – PCN (Brasil, 1997a; 1997b), publicados pela Secretaria de Educação Básica (SEB), do MEC;
- Parâmetros Curriculares Nacionais: Ensino Médio – PCNEM (Brasil, 2000), publicados pela SEB;
- Orientações Educacionais Complementares aos Parâmetros Curriculares Nacionais do Ensino Médio – PCN+ (Brasil, 2002a; 2002b; 2002c), publicados pela SEB;
- Orientações Curriculares para o Ensino Médio (Brasil, 2006a, 2006b, 2006c), publicados pela SEB.

Além dessa documentação, há uma grande diversidade de produções acadêmicas elaboradas com base em inúmeras pesquisas, dentre as quais citamos algumas nacionais que estão relacionadas à contextualização e/ou à interdisciplinaridade: Auler e Delizoicov (2001, 2006), D'Ambrósio (2001, 2007, 2012), Etges (1993, 1995), Fazenda (1979, 1991, 1993, 1994, 1995, 1998, 2001, 2002, 2003a, 2003b, 2005), Frigotto (1995), Gadotti (2006), Japiassu (1976), Lenoir (1998, 2004), Lopes (1999, 2002, 2007), Lopes, Gomes e Lima (2003), Lopes e Macedo (2002), Machado (1993, 2005), Megid Neto e Lopes (2009), Pinho-Alves (2006), Ricardo (2005a, 2005b), Ricardo e Zylbersztajn (2002, 2007), Santos (2007, 2008), Santos e Mortimer (2002, 2009), Silva e Carvalho (2002), Severino (1998), Santomé (1998) e Thiesen (2008).

Nos documentos oficiais atuais, como as DCNEM (Brasil, 2012), há diversos trechos em que os termos *contextualização* e *interdisciplinaridade* são evidenciados. Inicialmente, essas menções podem ser observadas no art. 5º, em que são relacionadas as bases para todas as formas de oferta e organização do ensino médio:

> Art. 5º O Ensino Médio em todas as suas formas de oferta e organização, baseia-se em:
> I – formação integral do estudante;
> II – trabalho e pesquisa como princípios educativos e pedagógicos, respectivamente;
> III – educação em direitos humanos como princípio nacional norteador;
> IV – sustentabilidade ambiental como meta universal;
> V – indissociabilidade entre educação e prática social, considerando-se a historicidade dos conhecimentos e dos sujeitos do processo educativo, bem como entre teoria e prática no processo de ensino-aprendizagem;
> VI – integração de conhecimentos gerais e, quando for o caso, técnico-profissionais realizada na perspectiva da interdisciplinaridade e da contextualização;
> VII – reconhecimento e aceitação da diversidade e da realidade concreta dos sujeitos do processo educativo, das formas de produção, dos processos de trabalho e das culturas a eles subjacentes;
> VIII – integração entre educação e as dimensões do trabalho, da ciência, da tecnologia e da cultura como base da proposta e do desenvolvimento curricular.
> [...]

Dessa forma, a formação integral do estudante (inciso I) e o trabalho como princípio educativo e a pesquisa como princípio pedagógico (inciso II), terão, necessariamente, na contextualização e na interdisciplinaridade instrumentos importantes para perceber o trabalho como categoria ontológica (Saviani, 2007) e a pesquisa como princípio educativo (Demo, 1996; 2006).

O inciso IV do DCNEM apresenta uma interessante forma de propor diálogos entre as diferentes áreas do conhecimento para que a meta da sustentabilidade ambiental seja alcançada, ou seja, a interdisciplinaridade – ou outro termo correlato, mas com a mesma ideia – faz-se necessária.

Na sequência desse artigo, especificamente no inciso V, há a pressuposição de um ensino necessariamente contextualizado e interdisciplinar, pois, além de envolver as práticas sociais que considera a historicidade dos sujeitos e do conhecimento, evidencia a indissociabilidade entre a teoria e a prática – característica importante da contextualização.

Finalmente, os incisos VI e VIII estabelecem a necessidade de uma abordagem sob a perspectiva da interdisciplinaridade e da contextualização que considere a integração dos conhecimentos gerais e técnico-profissionais, ideia corroborada pelo inciso VIII.

Outra questão importante que consta nas DCNEM diz respeito à forma como pode ser organizado o currículo do ensino médio em áreas do conhecimento (linguagens, matemática, ciências da natureza e ciências humanas), desde que "com tratamento metodológico que evidencie a contextualização e a interdisciplinaridade ou outras formas de interação e articulação entre diferentes campos de saberes específicos" (Brasil, 2012).

No art. 13 das DCNEM, sobre a definição da proposta curricular, as unidades de ensino devem levar em consideração:

> I – as dimensões do trabalho, da ciência, da tecnologia e da cultura como eixo integrador entre os conhecimentos de distintas naturezas, contextualizando-os em sua dimensão histórica e em relação ao contexto social contemporâneo;
> II – o trabalho como princípio educativo [...];
> III – a pesquisa como princípio pedagógico [...].
> V – a sustentabilidade socioambiental como meta universal, desenvolvida como prática educativa integrada, contínua e permanente, e baseada na compreensão do necessário equilíbrio e respeito nas relações do ser humano com seu ambiente.

Esse último inciso evidencia as abordagens contextualizada e interdisciplinar, principalmente ao considerar a transversalidade dos componentes curriculares integrantes das diversas áreas do conhecimento.

Os PCN (Brasil, 1997a, 1997b) também são documentos oficiais nos quais a contextualização e a interdisciplinaridade são sistematicamente propostos como importantes fundamentos na condução do processo de ensino e aprendizagem, principalmente como princípios orientadores das ações pedagógicas para o currículo do ensino médio.

Apesar de a contextualização e a interdisciplinaridade, como vimos, terem presença marcante em documentos oficiais, defini-las ainda se constitui em uma difícil tarefa, principalmente em relação à interdisciplinaridade. A seguir, tentaremos esclarecer seus significados no cenário da educação brasileira.

O que é **contextualização**?

O conceito *contextualização* pressupõe uma abordagem que considera a totalidade de elementos que envolvem uma situação para buscar, da forma mais completa possível, entendê-la. Por isso, ela se liga de forma quase inerente à interdisciplinaridade.

Nosso interesse restringe-se às concepções que fundamentam a contextualização e a interdisciplinaridade que ocorrem no processo de ensino e aprendizagem – especialmente na área das ciências e, em especial, da matemática e da física – e que, portanto, dispõem de intencionalidades pedagógicas, principalmente no que diz respeito à aprendizagem. Assim, a contextualização de que tratamos, a princípio, objetiva essencialmente melhorar aprendizagem e, para isso, são elaboradas diversas situações com preocupação didático-metodológica, ou seja, essa produção promove clareza e domínio sobre o processo da transposição didática.

É importante destacarmos o aspecto amplo de compreensão da contextualização, principalmente quando tomamos como referência a prática pedagógica e o texto didático no processo de ensino e aprendizagem. Por isso, devemos evidenciar e reconhecer o lócus em que ela ocorre, ou seja, **onde** e **quando** ela acontece.

Ela pode estar presente no texto didático do livro adotado pela escola e, principalmente, no processo de transposição didática quando o professor exerce o ato de ensinar. É nesse momento, sobretudo, que o processo de ensino e aprendizagem pode ser contemplado com uma contextualização apropriada. Dessa forma, o texto didático deve oferecer as condições necessárias para que ela ocorra e o professor deve estar preparado quanto ao domínio do conteúdo e do contexto a serem utilizados na prática pedagógica.

Nesse sentido, certamente, existem conteúdos mais bem adequados ao ensino contextualizado da matemática e da física, compreendidos num amplo espectro que pode abranger desde exemplos do cotidiano até a análise crítica de situações ou problemas relacionados à ciência, à tecnologia, à sociedade ou ao ambiente.

De outro modo, relacionados a esse leque de possibilidades estão os objetivos de sua aplicação, que, além de auxiliar a aprendizagem, também dizem respeito à oferta de um ensino mais significativo dos fenômenos físicos, seja com o envolvimento da filosofia da ciência – ao considerar uma abordagem histórica e epistemológica da gênese dos conceitos físicos e seus aspectos e socioculturais –, seja com o desenvolvimento de valores e de atitudes sob a perspectiva humanística – possibilitando uma real concepção da natureza da ciência –, seja relacionando os conteúdos estudados ao dia a dia dos estudantes, entre outras possibilidades.

Segundo Elios Carlos Ricardo (2005a, p. 203-204), nas DCNEM

> a interdisciplinaridade aparece sob vários enfoques, desde uma abordagem epistemológica até uma visão metodológica relacional entre as várias áreas do conhecimento. Entretanto, a tônica da interdisciplinaridade nas DCNEM é a oposição à fragmentação, ou compartimentalização, do conhecimento trabalhado na escola o que, em alguma medida, pareceria se opor à disciplinarização, o que não é assumido explicitamente e seria contraditório com o próprio documento que está estruturado por disciplinas. Outra ênfase ocorre na concepção da interdisciplinaridade como integração, ou o diálogo, entre as disciplinas, tanto em aspectos metodológicos, conceituais e terminológicos como epistemológicos.

Essa perspectiva também é verificada nos demais documentos citados no início deste capítulo, especialmente nos PCNEM (Brasil, 2000), segundo o qual a contextualização objetiva dar significância ao conhecimento escolar e evitar a compartimentalização dos conhecimentos por meio da interdisciplinaridade. De acordo com esse documento,

> A tendência atual, em todos os níveis de ensino, é analisar a realidade segmentada, sem desenvolver a compreensão dos múltiplos conhecimentos que se interpenetram e conformam determinados fenômenos. Para essa visão segmentada contribui o enfoque meramente disciplinar que, na nova proposta de reforma curricular, pretendemos superado [sic] pela perspectiva interdisciplinar e pela contextualização dos conhecimentos. (Brasil, 2000, p. 21)

Já nas Orientações Curriculares para o Ensino Médio, é pontuado que "A própria escola e seu entorno podem servir de ponto de partida para a contextualização" (Brasil, 2006a, p. 35) e tem na abordagem interdisciplinar dos conteúdos uma possibilidade de completar essa ação. Contudo, é enfatizado que esse processo apresenta um problema inerente à transposição didática quando o conteúdo ensinado sofre um processo de descontextualização e, por isso,

> Um tratamento didático apropriado é a utilização da história e da filosofia da ciência para contextualizar o problema, sua origem e as tentativas de solução que levaram à proposição de modelos teóricos, a fim de que o aluno tenha noção de que houve um caminho percorrido para se chegar a esse saber. (Brasil, 2006a, p. 50)

Ainda em relação a esse problema, percebemos na interdisciplinaridade uma possibilidade de comunicação entre as disciplinas, pois "Sabe-se que cada disciplina científica possui enfoques particulares, recortes dessa natureza que conduzem a uma organização de saberes padronizados passíveis de serem comunicados" (Brasil, 2006a, p. 51).

Nos PCN+, a interdisciplinaridade "surge como a necessidade de um trabalho coletivo entre os professores das distintas disciplinas e como consequência do tratamento do objeto a ser investigado dentro do seu contexto real" (Ricardo, 2005a, p. 204). Por sua vez,

> a contextualização assume papel central e se constitui em condição indispensável para a interdisciplinaridade [...], os próprios autores

dos PCN+ reforçam a importância da contextualização e salientam que não se trata de uma simples aplicação dos conhecimentos escolares adquiridos, mas de dar sentido ao que se ensina para os alunos. [...] Isso se torna mais claro quando os PCN+ assumem uma perspectiva **histórico-social** para a contextualização [...]. Essa é uma **primeira** possibilidade de entender a contextualização. (Ricardo, 2005a, p. 213-214, grifo nosso)

No contexto dessa discussão, alguns docentes pesquisados por Ricardo (2005a, p. 214)

> não dissociam a interdisciplinaridade da contextualização e relacionam esta com a busca de um conhecimento significativo para o aluno. Há aqueles que a entendem como uma articulação com o que seja próximo dos educandos ou o seu cotidiano. Mas, alguns a colocaram no campo epistemológico e lembram que a escola teria também o papel de oferecer aos alunos a capacidade de abstração e de entender a relação entre a teoria e a realidade. Esta é uma segunda forma de se entender a contextualização. [...] haveria ainda um terceiro enfoque, que parece articular os dois anteriores e está relacionado com os processos sofridos pelos saberes escolares no transcurso da transposição didática. Essas três dimensões da contextualização estão interligadas, logo, sua distinção aqui tem mais um papel didático.

De modo geral, pesquisadores como Alice Casimiro Lopes, Maria Margarida Gomes e Inilcéa dos Santos Lima (2003) e Ricardo (2005a), todos citados por Cristina Cândida de Macedo e Luciano Fernandes Silva (2014, p. 59), "indicam que nos documentos oficiais brasileiros há ênfase para a possibilidade de contextualizar os conteúdos escolares a partir das seguintes orientações de contexto: a) trabalho, b) cidadania e c) vida pessoal/cotidiana/convivência".

Ainda de acordo com Macedo e Silva (2014, p. 60):

> o processo de contextualização é apresentado e justificado nos documentos oficiais a partir de quatro amplos enfoques: 1) contextualização como aproximação do conteúdo com o cotidiano do aluno

em um sentido amplo, sendo o cotidiano representado por atividades do seu dia a dia, bem como as tarefas laborais; 2) contextualização como a aproximação e relação entre conhecimentos de diversas áreas científicas de modo que possibilitem o trabalho interdisciplinar; 3) contextualização como meio de relacionar aspectos socioculturais e históricos a fim de se alcançar a Alfabetização Científica e Tecnológica; 4) contextualização como possível caminho a fim de minimizar os danos causados no processo de transposição didática. Importante salientar que a contextualização pode ser vista como um dos princípios de organização curricular por meio de temas da vivência dos alunos. Nesse sentido, a abordagem temática tem sido reconhecida como uma alternativa concreta de organizar o currículo a partir da perspectiva da contextualização dos conteúdos escolares.

Muitas pesquisas realizadas sobre a contextualização e a interdisciplinaridade desenvolveram e verificaram algumas concepções que podem ser utilizadas no processo de ensino e aprendizagem. Para a primeira, uma ideia simples, presente em alguns estudos, é a de relacionar o conteúdo de ensino com o cotidiano dos estudantes, buscando despertar neles o interesse pelas ciências e pela matemática, além de melhor significar esses conteúdos. Uma outra ideia também frequente nos livros didáticos relaciona os objetos de ensino aos processos produtivos ou aos fenômenos físicos (naturais e artificiais) – por isso, essa ideia é mais presente no ensino da física que da matemática. Já no âmbito da história e da filosofia da ciência, há as contextualizações histórica e sociocultural, nas quais se reivindica a importância dos aspectos relacionados à gênese e à criação dos conceitos físicos e matemáticos. Nesse caso, evidencia-se a concepção de que ciência é uma produção histórica e humana, com interesses políticos, econômicos e sociais.

De acordo com Ricardo (2005a, p. 214), essa contextualização pode

> contribuir para localizar dentro do corpo das teorias científicas o seu contexto histórico de elaboração e não apenas de justificação, os quais caracterizam o chamado saber sábio, uma vez que considerar apenas o produto das pesquisas científicas no momento da didatização dos saberes a serem ensinados na escola pode trazer problemas.

2.2 Interdisciplinaridade na pesquisa e no ensino

As concepções e a compreensão sobre a interdisciplinaridade têm sido bastante polemizadas no meio acadêmico, principalmente entre os especialistas desse tema. Uma pesquisadora renomada e pioneira sobre o assunto, Olga Pombo, em sua conferência apresentada no Seminário Internacional Interdisciplinaridade, Humanismo, Universidade, realizado na Faculdade de Letras da Universidade do Porto, em 2003, faz a seguinte afirmação:

> Falar sobre interdisciplinaridade é hoje uma tarefa ingrata e difícil. Em boa verdade, quase impossível. Há uma dificuldade inicial – que faz todo o sentido ser colocada – e que tem a ver com o fato de ninguém saber o que é a interdisciplinaridade. Nem as pessoas que a praticam, nem as que a teorizam, nem aquelas que a procuram definir. A verdade é que não há nenhuma estabilidade relativamente a este conceito. Num trabalho exaustivo de pesquisa sobre a literatura existente, inclusivamente dos especialistas de interdisciplinaridade – que também já os há – encontram-se as mais díspares definições. Além disso, como sabem, a palavra tem sido usada, abusada e banalizada. Poderíamos mesmo dizer: a palavra está gasta. (Pombo, 2003, p. 1)

Diante de um relato tão contundente, cabe a nós indagar: O que é **interdisciplinaridade**? Por que sua conceituação é tão polêmica? De qual forma, ou de quais formas, podemos implementá-la na sala de aula? Como trabalhá-la na prática pedagógica sob uma perspectiva disciplinar?

Antes de buscarmos um melhor entendimento da ação da intertextualidade no processo de ensino e aprendizagem, vale abordarmos sua conceituação, ainda que de forma não definitiva.

Trabalhos como os de Hilton Japiassu (1976) e Ivani Catarina Arantes Fazenda (1979, 2002, 2003a) buscaram iniciar a discussão sobre esse termo polissêmico. Na visão de Japiassu (1976) o termo *interdisciplinaridade* busca superar a fragmentação do saber e a sua pulverização nas múltiplas formas de especialidades.

> Sobretudo pela influência dos trabalhos de grandes pensadores modernos como Galileu, Bacon, Descartes, Newton, Darwin e outros, as ciências foram sendo divididas e, por isso, especializando-se. Organizadas, de modo geral, sob a influência das correntes de pensamento naturalista e mecanicista, buscavam, já a partir da Renascença, construir uma concepção mais científica de mundo. A interdisciplinaridade, como um movimento contemporâneo que emerge na perspectiva da dialogicidade e da integração das ciências e do conhecimento, vem buscando romper com o caráter de hiperespecialização e com a fragmentação dos saberes. (Thiesen, 2008, p. 546)

Relativo a essa questão, Pombo (2003), no campo investigativo, percebe um reordenamento disciplinar organizado em três grupos denominados **ciências de fronteira, interdisciplinas** e **interciências**, que resultaram do processo da fragmentação do saber no âmbito das especializações, ou hiperespecializações.

De acordo com a autora, o primeiro grupo corresponde a novas disciplinas híbridas, constituídas pelo cruzamento de duas disciplinas tradicionais, como: Biomatemática, Bioquímica, Biofísica e Geofísica (no âmbito das ciências exatas e da natureza); Psicolinguística e História Econômica (no campo das ciências sociais e humanas); Sociobiologia e Etologia (entre as ciências sociais e humanas e as exatas e da natureza); Engenharia Genética e Biônica (entre as ciências naturais e as disciplinas técnicas).

No grupo das interdisciplinas, segundo Pombo (2003), estão aquelas que surgem do cruzamento das disciplinas científicas com o campo industrial e organizacional, como: Relações Internacionais e Organizacionais, Sociologia das Organizações e Psicologia Industrial.

Finalmente, o grupo das **interciências**, segundo a autora,

Trata-se de constituir uma polidisciplina que tem um núcleo duro e, à sua volta, uma auréola de outras disciplinas. Não são duas disciplinas, são várias, e é impossível estabelecer qualquer espécie de hierarquia entre elas. Os exemplos mais pertinentes são a Ecologia, as Ciências Cognitivas, a Cibernética e as Ciências da Complexidade. (Pombo, 2003, p. 9)

No âmbito da matemática e das ciências da natureza, a interdisciplinaridade tem um campo fértil para atuar, a princípio, por conta de as disciplinas dessas ciências terem, entre outros atributos, uma linguagem comunicativa em relação à interpretação ou à descrição da realidade cotidiana. Em relação à matemática, Fazenda (2003a, p. 62), entende que "ensinar matemática é, antes de mais nada, ensinar a 'pensar matematicamente', a fazer uma leitura matemática do mundo e de si mesmo. É uma forma de ampliar a possibilidade de comunicação e expressão, contribuindo para a interação social, se pensada interdisciplinarmente".

De fato, mesmo antes de compreendermos a matemática como uma linguagem, sua efetiva aprendizagem é alcançada por meio da formulação do pensamento matemático em relação aos problemas reais ou da descrição dessa realidade – embora devamos destacar que a matemática, na condição de ciência, propriamente dita, compreende outros aspectos que vão além de ser uma linguagem somente. Do mesmo modo, as outras ciências possuem também uma linguagem específica, sobretudo quando elas se apropriam da matemática como, também, uma linguagem, ou seja, elas interpretam e descrevem a realidade de seu entorno. Assim, possibilitam, igualmente, um campo fértil para a aplicação interdisciplinar, ao quebrarem, por exemplo, a linearidade dos conteúdos e ao buscarem apoio em outras disciplinas para a descrição e a interpretação do mundo.

Ao considerar a realidade na qual o homem está inserido e que este produz sua própria existência, ou seja, o fato de o "homem produzir-se enquanto ser social e enquanto sujeito e objeto do conhecimento social" (Frigotto, 1995, p. 26), a interdisciplinaridade, segundo Thiesen (2008, p. 545-546), funda-se no caráter dialético da realidade social, pautada pelo princípio dos conflitos e das contradições, movimentos complexos pelos quais a realidade pode ser percebida como una e diversa ao mesmo tempo, algo que nos impõe delimitar os objetos de estudo demarcando seus campos sem, contudo, fragmentá-los. Significa que, embora delimitado o problema a ser estudado, não podemos abandonar as múltiplas determinações e mediações históricas que o constituem.

Nessa perspectiva, temos, na interdisciplinaridade, uma forma dialética importante para o processo de compreensão da realidade social, principalmente na compreensão das relações entre a totalidade e as partes que a compõem. De acordo com Thiesen (2008, p. 546),

> a interdisciplinaridade será articuladora do processo de ensino e de aprendizagem na medida em que se produzir como atitude (Fazenda, 1979), como modo de pensar (Morin, 2005), como pressuposto na organização curricular (Japiassu, 1976), como fundamento para as opções metodológicas do ensinar (Gadotti, 2004), ou ainda como elemento orientador na formação dos profissionais da educação.

De volta à discussão sobre a conceituação do termo *interdisciplinaridade* – e considerando a perspectiva da unidade do conhecimento em detrimento da forte fragmentação do saber e a excessiva especialização que causa o isolamento entre as ciências –, Japiassu (1976) busca um entendimento acerca de seu significado. De acordo com o autor, há sucessivos graus de relação entre as disciplinas que conduzem à interdisciplinaridade na pesquisa, evidenciados por meio da seguinte classificação: **multidisciplinaridade, pluridisciplinaridade, interdisciplinaridade e transdisciplinaridade.**

Para esse autor, o termo *multidisciplinar* evoca apenas uma simples justaposição dos recursos de várias disciplinas sem necessariamente implicar um trabalho em equipe ou coordenado, ou seja, "a solução de um problema só exige informações tomadas de empréstimos a duas ou mais especialidades ou setores de conhecimento, sem que as disciplinas levadas a contribuírem por aquela que as utiliza sejam modificadas ou enriquecidas" (Japiassu, 1976, p. 72-73). Do mesmo modo, a pluridisciplinaridade também realiza

> apenas um agrupamento, intencional ou não, [...] sem relação entre as disciplinas (o primeiro [a multidisciplinaridade]) ou com algumas relações (o segundo [a pluridisciplinaridade]): um visa à construção de um sistema disciplinar de apenas um nível e com diversos objetivos; o outro visa à construção de um sistema de um só nível e com objetivos distintos, mas dando margem a certa cooperação, embora excluindo toda coordenação. (Japiassu, 1976, p. 73)

A partir dos trabalhos de Erich Jantsch (1972), Japiassu (1976) ilustra os graus progressivos de cooperação e de coordenação entre as disciplinas, conforme o quadro a seguir.

Quadro 2.1 – *Graus de cooperação e de coordenação entre as disciplinas*

Descrição geral	Tipo de sistema	Configuração
Multidisciplinaridade: Gama de disciplinas que propomos simultaneamente, mas sem fazer aparecer as relações que podem existir entre elas.	Sistema de um só nível e de objetivos múltiplos; nenhuma cooperação.	
Pluridisciplinaridade: Justaposição de diversas disciplinas situadas geralmente no mesmo nível hierárquico e agrupadas de modo a fazer aparecer as relações existentes entre elas.	Sistema de um só nível e de objetivos múltiplos; cooperação, mas sem coordenação.	

(continua)

(Quadro 2.1 – conclusão)

Descrição geral	Tipo de sistema	Configuração
Interdisciplinaridade: Axiomática comum a um grupo de disciplinas conexas e definida no nível hierárquico imediatamente superior, o que introduz a noção de finalidade.	Sistema de dois níveis e de objetivos múltiplos; coordenação procedendo do nível superior.	
Transdisciplinaridade: Coordenação de todas as disciplinas e interdisciplinas do sistema de ensino inovado, sobre a base de uma axiomática geral.	Sistema de níveis e objetivos múltiplos; coordenação com vistas a uma finalidade comum dos sistemas.	

Fonte: Japiassu, 1976, p. 73-74.

Assim, segundo esse autor, a multidisciplinaridade e a pluridisciplinaridade apresentam apenas **resultados** do trabalho dos especialistas das disciplinas ou, de outro modo, uma **justaposição** dos resultados desses trabalhos, mas **sem integração** conceitual e/ou metodológica. A interdisciplinaridade, por sua vez,

> Ao entrar num processo interativo, duas ou mais disciplinas ingressam, ao mesmo tempo, num diálogo em pé de igualdade. Não há supremacia de uma sobre as demais. As trocas são recíprocas. O enriquecimento é mútuo. São colocados em comum, não somente os axiomas e os conceitos fundamentais, mas os próprios métodos. Entre elas há uma espécie de fecundação recíproca [...] que dá origem, quase sempre, a uma nova disciplina: bioquímica, geopolítica, psicossociologia, biofísica, por exemplo. Trata-se de um tipo

de interdisciplinaridade que não se efetua por simples adição nem tampouco por mistura. O que há é uma **combinação** das disciplinas, tendo em vista levar a efeito uma **ação informada** e eficaz. (Japiassu, 1976, p. 81, grifo do original)

Uma outra visão de interdisciplinaridade, apresentada por Fazenda (1994), está voltada para as ideias de **cooperação e parceria**, ou seja,

> A parceria, presente em nossas coletâneas, é categoria mestra dos trabalhos interdisciplinares. [...] A parceria, portanto, pode constituir-se em fundamento de uma proposta interdisciplinar, se considerarmos que nenhuma forma de conhecimento é em si mesma racional. A parceria consiste numa tentativa de incitar o diálogo com outras formas de conhecimento a que não estamos habituados, e nessa tentativa a possibilidade de interpenetração delas. [...] A parceria, pois, como fundamento da interdisciplinaridade, surge quase como condição de sobrevivência do conhecimento educacional. (Fazenda, 1994, p. 84-85)

Além dessas concepções sobre a interdisciplinaridade, há a de que ela pode ser desenvolvida individualmente, isto é, um professor pode ministrar sua matéria com base no conhecimento interdisciplinar, mas sem negar a disciplinaridade (Jantsch; Bianchetti, 1995; Alves Filho, 2006).

Na compreensão de Fazenda (1994), um professor interdisciplinar é aquele que desenvolve uma "atitude interdisciplinar", a qual entendemos como:

> uma atitude diante de alternativas para conhecer mais e melhor; atitude de espera ante os atos consumados, atitude de reciprocidade que impele à troca, que impele ao diálogo – ao diálogo com pares idênticos, com pares anônimos ou consigo mesmo – atitude de humildade diante da limitação do próprio saber, atitude de perplexidade ante a possibilidade de desvendar novos saberes, atitude de desafio – desafio perante o novo, desafio em redimensionar o

velho – atitude de envolvimento e comprometimento com os projetos e com as pessoas neles envolvidas, atitude, pois, de compromisso em construir sempre da melhor forma possível, atitude de responsabilidade, mas, sobretudo, de alegria, de revelação, de encontro, de vida. (Fazenda, 1994, p. 82)

Além dessa formulação, a referida autora também define o que é uma sala de aula interdisciplinar, ou seja:

> Numa sala de aula interdisciplinar, a autoridade é conquistada, enquanto na outra é simplesmente outorgada. Numa sala de aula interdisciplinar a obrigação é alternada pela satisfação; a arrogância, pela humildade; a solidão, pela cooperação; a especialização, pela generalidade; o grupo homogêneo, pelo heterogêneo; a reprodução, pela produção do conhecimento. [...] Numa sala de aula interdisciplinar, todos se percebem e gradativamente se tornam parceiros e, nela, a interdisciplinaridade pode ser aprendida e pode ser ensinada, o que pressupõe um ato de perceber-se interdisciplinar. [...] Outra característica observada é que o projeto interdisciplinar surge às vezes de um que já possui desenvolvida a atitude interdisciplinar e se contamina para os outros e para o grupo. [...] Para a realização de um projeto interdisciplinar existe a necessidade de um projeto inicial que seja suficientemente claro, coerente e detalhado, a fim de que as pessoas nele envolvidas sintam o desejo de fazer parte dele. (Fazenda, 1994, p. 86-87)

As discussões desenvolvidas até o momento proporcionam uma melhor compreensão sobre as concepções acerca da interdisciplinaridade e suas respectivas implicações no ensino. Vale acrescentarmos, ainda, que a abordagem de alguns temas parece contribuir para essa discussão, principalmente quando há a intenção de um ensino interdisciplinar. Assim, como exemplo desses temas, mencionamos as abordagens que tomam como estratégia de ensino o uso da história e da filosofia da ciência (Matthews, 1995), os enfoques envolvendo ciência, tecnologia e sociedade (CTS) (Santos; Mortimer, 2000) e a alfabetização científica e tecnológica (ACT) (Fourez, 1994), entre outros.

Uma forma de percebermos a questão interdisciplinar no ensino é por meio de um quadro comparativo, que procura sintetizar algumas ideias contrapostas, realizado por Jairo Gonçalves Carlos (2007, p. 82). Nesse quadro, o autor busca mostrar uma perspectiva interdisciplinar fundamentada na "importância das disciplinas como elementos constitutivos da abordagem interdisciplinar, a fim de que o docente reconheça a oportunidade de não somente vincular conhecimentos, mas também pessoas, [...] muito mais apropriada para o ensino" (Carlos, 2007, p. 82), em detrimento de seus aspectos históricos ou epistemológicos.

Quadro 2.2 – Ideias comparativas sobre a interdisciplinaridade

Ideias pouco adequadas para a abordagem interdisciplinar no ensino	Justificativa
Interdisciplinaridade baseada na filosofia do sujeito.	Esse conjunto de ideias é pouco atraente para o ensino porque, ao negar ou menosprezar o valor dos conhecimentos disciplinares, coloca em xeque toda a riqueza do saber produzido pela ciência, saber que é indispensável para sustentar o trabalho interdisciplinar.
Interdisciplinaridade como substituição ao paradigma disciplinar (negação das disciplinas).	
Interdisciplinaridade como busca da unidade do saber.	
Interdisciplinaridade como uma questão meramente epistemológica.	

(continua)

(Quadro 2.2 – conclusão)

IDEIAS APROPRIADAS PARA ORIENTAR A ABORDAGEM INTERDISCIPLINAR NO ENSINO	JUSTIFICATIVA
Interdisciplinaridade baseada na concepção dialética e histórica do conhecimento.	Defendemos essas ideias, pois elas não ignoram o avanço científico decorrente do paradigma disciplinar. Com isso, a interdisciplinaridade ganha sentido, não se expressando pela mera necessidade da unificação, mas exercendo um papel complementar ao conhecimento disciplinar em situações na qual este se mostre limitado.
Interdisciplinaridade como novo paradigma que não invalida, nem nega a disciplinaridade, mas que é construído a partir do conhecimento disciplinar.	
Perspectiva instrumental da interdisciplinaridade (solução de problemas, estudos e pesquisas dentre outros).	
Interdisciplinaridade concebida não somente no campo epistemológico, mas também no campo antropológico, enquanto abordagem que aproxima pessoas e conhecimentos.	

Fonte: Carlos, 2007, p. 82.

As questões até aqui discutidas podem contribuir para uma melhor compreensão sobre a contextualização e a interdisciplinaridade no ensino das disciplinas de Matemática e de Física. Contudo, não temos a intenção de propor qual será a concepção de interdisciplinaridade mais apropriada para o ensino de cada matéria, ou de qual modo ela pode ser desenvolvida na escola. Portanto, cabe ao professor refletir sobre essas questões e, com base em sua realidade, conceber um ensino com uma abordagem contextualizada e interdisciplinar que proporcione um ensino diferenciado quanto aos aspectos humanísticos, históricos, filosóficos e sociais, por exemplo.

Síntese

Neste capítulo, mostramos como a contextualização e a interdisciplinaridade estão bastante presentes em documentos oficiais relacionados à educação, dentre os quais relembramos os PCN (Brasil, 1997a; 1997b) e as DCNEM (Brasil, 2012).

Em relação à contextualização, verificamos de que modo ela é apresentada nos documentos apontados, ou seja, quais são as concepções adotadas e quais são as orientações sugeridas para que ela seja implementada nas salas de aula.

No que diz respeito à interdisciplinaridade, investigamos o caráter polissêmico desse termo e as principais compreensões sobre esse tema pelos especialistas, tanto no âmbito acadêmico quanto na esfera escolar.

Atividades de autoavaliação

1. As Diretrizes Curriculares Nacionais para o Ensino Médio – DCNEM (Brasil, 2012), em seu art. 5º, estabelecem:

> V – indissociabilidade entre educação e prática social, considerando-se a historicidade dos conhecimentos e dos sujeitos do processo educativo, bem como entre teoria e prática no processo de ensino-aprendizagem; [...]

Isso significa que o ensino deve ser:

a) contextualizado e interdisciplinar, necessariamente, pois, além de envolver as práticas sociais que considera a historicidade dos sujeitos e do conhecimento, evidencia a indissociabilidade entre a teoria e a prática.

b) contextualizado, porém necessariamente disciplinar, porque um ensino disciplinar atende plenamente às relações estabelecidas entre a educação e as práticas sociais.

c) interdisciplinar, porém necessariamente não contextualizado, pois um ensino interdisciplinar atende plenamente às relações estabelecidas entre a educação e as práticas sociais.

d) disciplinar, porém necessariamente contextualizado, pois um ensino disciplinar atende plenamente à historicidade dos conhecimentos e dos sujeitos do processo educativo.

2. Assinale a alternativa que indica alguns dos enfoques dados à interdisciplinaridade nas DCNEM – de 1998 (Brasil, 1998):

a) Afirmação do modelo compartimentalizado do conhecimento trabalhado na escola e concepção da interdisciplinaridade como justaposição das disciplinas, tanto em aspectos metodológicos e conceituais quanto terminológicos.

b) Oposição à fragmentação, ou compartimentalização, do conhecimento trabalhado na escola e concepção da interdisciplinaridade como integração ou diálogo entre as disciplinas, tanto em aspectos metodológicos, conceituais e terminológicos quanto epistemológicos.

c) Oposição à integração do conhecimento trabalhado na escola e concepção da interdisciplinaridade como diálogo entre as disciplinas, tanto em aspectos conceituais quanto metodológicos.

d) Oposição à disciplinarização do conhecimento trabalhado na escola e concepção da interdisciplinaridade como integração entre as disciplinas, tanto em aspectos metodológicos quanto conceituais.

3. Em relação à contextualização e considerando o ano de sua publicação, os PCNEM (Brasil, 2000) objetivam significar o conhecimento escolar e evitar a compartimentalização por meio da interdisciplinaridade. De acordo com esse documento:

a) A tendência, em todos os níveis de ensino, é analisar a realidade segmentada, sem desenvolver a compreensão dos múltiplos conhecimentos que se interpenetram e conformam determinados fenômenos.

b) A tendência, em todos os níveis de ensino, é analisar a totalidade da realidade, percebendo a compreensão da multiplicidade dos conhecimentos historicamente desenvolvidos pela humanidade.

c) A tendência, em todos os níveis de ensino, é analisar a diversidade da realidade e a compreender a diversidade dos conhecimentos historicamente desenvolvidos pela humanidade.

d) A tendência, em todos os níveis de ensino, é analisar a totalidade da realidade, porém com uma compreensão da individualidade dos conhecimentos historicamente desenvolvidos pela humanidade.

4. Considerando os graus progressivos de cooperação e de coordenação entre as disciplinas (Japiassu, 1976), associe os termos *multidisciplinaridade*, *pluridisciplinaridade*, *interdisciplinaridade* e *transdisciplinaridade* a suas respectivas definições:

I. Multidisciplinaridade.
II. Pluridisciplinaridade.
III. Interdisciplinaridade.
IV. Transdisciplinaridade.

( ) Coordenação inovada de todas as disciplinas do sistema de ensino, sobre a base de uma axiomática geral.

( ) Gama de disciplinas propostas simultaneamente, mas sem fazer aparecer as relações que possam existir entre elas.

( ) Axiomática comum a um grupo de disciplinas conexas, definida no nível hierárquico imediatamente superior, o que introduz a noção de finalidade.

( ) Justaposição de diversas disciplinas situadas geralmente no mesmo nível hierárquico e agrupadas de modo a fazer aparecer as relações existentes entre elas.

Agora, assinale a alternativa que apresenta a sequência correta obtida:

a) IV, I, III e II.
b) I, II, III e IV.
c) III, II, I e IV.
d) IV, III, II e I.

5. Na visão de Fazenda (1994), a interdisciplinaridade está voltada para as ideias de cooperação e parceria. Assinale a alternativa que está de acordo com essa afirmação:

a) A parceria consiste na tentativa de incitar o diálogo com outras formas de conhecimento e, dessa forma, buscar interpretá-las.

b) A parceria consiste na tentativa de dialogar com todas as formas de conhecimento e, dessa forma, tornar possível que eles se interpenetrem.

c) A parceria consiste na tentativa de incitar o diálogo entre os professores e, dessa forma, buscar estabelecer a cooperação entre eles.

d) A parceria consiste na tentativa de incitar o diálogo com outras metodologias de ensino do conhecimento e, dessa forma, tornar possível que elas se interpenetrem.

Atividades de aprendizagem

Questões para reflexão

1. Leia a seguir um trecho do texto *A interdisciplinaridade como um movimento articulador no processo ensino-aprendizagem*, de Juares da Silva Thiesen (2008)* e, depois, responda à questão.

> A nova espacialidade do processo de aprender e ensinar e a desterritorialidade das relações que engendram o mundo atual indicam claramente o novo caminho da educação diante das demandas sociais, sobretudo as mediadas pela tecnologia. Nessa direção, emergem novas formas de ensinar e aprender que ampliam significativamente as possibilidades de inclusão, alterando profundamente os modelos cristalizados pela escola tradicional. Num mundo com relações e dinâmicas tão diferentes, a educação e as formas de ensinar

---

* A íntegra do texto de Thiesen (2008) pode ser conferida no seguinte *link*: <http://www.scielo.br/scielo.php?script=sci_arttext&pid=S1413-24782008000300010>. Acesso em: 7 dez. 2023.

e de aprender não devem ser mais as mesmas. Um processo de ensino baseado na transmissão linear e parcelada da informação livresca certamente não será suficiente.
Para Ivani Fazenda (1979, p. 48-49), a introdução da interdisciplinaridade implica simultaneamente uma transformação profunda da pedagogia, um novo tipo de formação de professores e um novo jeito de ensinar:

> Passa-se de uma relação pedagógica baseada na transmissão do saber de uma disciplina ou matéria, que se estabelece segundo um modelo hierárquico linear, a uma relação pedagógica dialógica na qual a posição de um é a posição de todos. Nesses termos, o professor passa a ser o atuante, o crítico, o animador por excelência.

Para Gadotti (2004), a interdisciplinaridade visa garantir a construção de um conhecimento globalizante, rompendo com as fronteiras das disciplinas. Para isso, integrar conteúdos não seria suficiente. É preciso, como sustenta Ivani Fazenda (1979), também uma atitude interdisciplinar, condição esta, a nosso ver, manifestada no compromisso profissional do educador, no envolvimento com os projetos de trabalho, na busca constante de aprofundamento teórico e, sobretudo, na postura ética diante das questões e dos problemas que envolvem o conhecimento.

Pedro Demo (2001) também nos ajuda a pensar sobre a importância da interdisciplinaridade no processo de ensino e aprendizagem quando propõe que a pesquisa seja um princípio educativo e científico. Para ele, disseminar informação, conhecimento e patrimônios culturais é tarefa fundamental, mas nunca apenas os transmitimos. Na verdade, reconstruímos. Por isso mesmo, a aprendizagem é sempre um fenômeno reconstrutivo e político, nunca apenas reprodutivo.

Para Paulo Freire (1987), a interdisciplinaridade é o processo metodológico de construção do conhecimento pelo sujeito

> com base em sua relação com o contexto, com a realidade, com sua cultura. Busca-se a expressão dessa interdisciplinaridade pela caracterização de dois movimentos dialéticos: a problematização da situação, pela qual se desvela a realidade, e a sistematização dos conhecimentos de forma integrada.
> [...]

Fonte: Thiesen, 2008.

Entre as perspectivas da prática interdisciplinar em sala de aula mencionadas nesse texto, com qual (ou com quais) você se identifica? Justifique sua resposta.

2. Leia o texto a seguir:

> Diante do exposto, pensamos que as práticas pedagógicas que se baseiam na contextualização para despertar o interesse dos alunos pela matemática e fundamentar o seu ensino, pode, ao invés de contribuir para atenuar as dificuldades da aprendizagem dessa disciplina, torná-la ainda mais difícil aos alunos, além de potencializar na escola a visão utilitária da matemática. Conforme destaca Hardy (2000, p. 111) apud por Gottschalk (2002, p. 150):
>
>> Na verdade, é surpreendente o quão ínfimo é o valor prático que o conhecimento científico tem para o homem comum, o quão aborrecidos e banais são os conhecimentos que têm algum valor, e o quanto esse valor parece variar segundo a ordem inversa de sua reputada utilidade.
>
> Concordamos com o autor, pois, do nosso ponto de vista, o conhecimento matemático parece ter perdido o sentido estético, a não ser pelo sentido prático a matemática não tem valor algum para os alunos. As consequências dessa evidência podem ser percebidas pela falta de domínio de conteúdos elementares de matemática com que muitos alunos ingressam no Ensino Superior.
> [...]

Fonte: Silveira et al., 2014, p. 156.

Com base nesse texto e nas considerações sobre a contextualização discutidas neste capítulo, elabore um texto com um posicionamento definido em relação à crítica de Silveira et al. (2014) sobre a contextualização no ensino da matemática.

Atividade aplicada: prática

1. Faça uma pesquisa entre professores de diversas disciplinas sobre as questões a seguir:

    a) O que é interdisciplinaridade?

    b) Como dever ser um ensino interdisciplinar?

    c) De que forma a interdisciplinaridade aparece em suas aulas?

    Com base nas respostas, faça uma análise descritiva e verifique se as concepções apresentadas estão de acordo com os conceitos presentes na literatura acadêmica. Se possível, identifique os equívocos cometidos pelos professores entrevistados e relacione as noções sobre a interdisciplinaridade que eles têm com as dos autores discutidos neste capítulo.

Aproximações: problematizações e modelos matemáticos e físicos

Neste ponto de nossa discussão sobre a aproximação entre os ensinos das disciplinas de Matemática e de Física, abrimos espaço para analisarmos os papéis das **abordagens problematizadoras** e da **modelagem matemática** nessa missão.

Para isso, adotamos a concepção freiriana de **tema gerador** como ponto de partida para a construção da temática da **problematização**, proposta por Demétrio Delizoicov (2001), que se constitui em três momentos pedagógicos. Também verificamos a **resolução de problemas** conforme propostas por Luiz Roberto Dante (1988) e George Polya (1994).

Por fim, em relação à modelagem matemática, tomamos como base de análise os trabalhos de Rodney Carlos Bassanezi (2002), sobretudo as fases da modelagem propostas por esse autor.

3.1 Tematização, problematização e resolução de problemas

A formulação de modelos na resolução de problemas é uma interessante abordagem a ser utilizada no ensino das disciplinas de Matemática e de Física. No entanto, sobre essa metodologia, implicam outras de igual importância, como o uso da modelização e da problematização. Portanto, devemos não só perceber a presença das abordagens citadas como também ter uma boa compreensão acerca delas e, principalmente, das possibilidades concretas de seus usos no ensino da Matemática e da Física.

Antes de entrarmos no assunto dos modelos matemáticos e físicos, devemos discorrer acerca da problematização e da resolução de problemas, pois tais questões antecedem aqueles temas. Além disso, parece-nos bastante premente a definição sobre o que seja um problema ou o que vem a ser a problematização num contexto tanto filosófico quanto docente relacionado à matemática e à física.

Antes de seu uso no contexto educacional, podemos considerar a problematização como uma ação do sujeito que questiona a realidade ao se confrontar com algum obstáculo que lhe interpõe dificuldades em suas atividades ou que lhe traz inquietações em suas reflexões.

Nesses conflitos, é possível ao sujeito estabelecer um problema que demanda novas estratégias ou conhecimentos para que possa compreender sua realidade, além de que outras questões podem surgir de suas ações de enfrentamento. Sob essa perspectiva, há de fato uma problemática porque tal situação suscita uma interrupção de um "estado de ação", ou seja, surge a necessidade de um momento para reflexões decorrente da perturbação ou da provocação direcionadas ao sujeito.

Na educação, a **problematização** tem sido objeto de inúmeras investigações e, dentre elas, vale destacarmos a visão de Paulo Freire (1987), para o qual a problematização tem um importante elemento desencadeador do processo de ensino e aprendizagem.

Nessa perspectiva, estudos desenvolvidos por autores como Marta Maria Pernambuco (1993), Delizoicov, José André Angotti e Pernambuco (2002), Delizoicov (2008), Wildson Luiz Pereira dos Santos (2008), Juliana Rezende Torres (2010) e Renata Hernandez Lindemann (2010) mostram a importância da problematização no processo de ensino e aprendizagem, quando tomada como uma forma de organização do currículo no ensino de ciências e de matemática. De acordo com Freire (1987) um currículo baseado em temas – conforme o conceito de **tema gerador** – demanda um rol de conteúdos científicos necessários à compreensão de assuntos relacionados a problemáticas inerentes à realidade dos educandos. Nessa perspectiva, citamos a opinião de Sousa et al. (2014, p. 157, grifo do original):

> Para a obtenção do **Tema Gerador**, Freire (1987) propõe o processo de Investigação Temática, a qual foi transposta por Delizoicov (1991) para o contexto da educação formal, organizada em cinco etapas: 1) **Levantamento Preliminar**: reconhecimento local da comunidade; 2) **Codificação**: análise e escolha de contradições sociais vivenciadas pelos envolvidos; 3) **Descodificação**: legitimação dessas situações e sintetização em Temas Geradores; 4) **Redução Temática**: seleção de conceitos científicos para compreender o tema e planejamento de ensino; 5) **Desenvolvimento em Sala Aula**: implementação de atividades em sala de aula.

De acordo com os autores citados por Sousa et al. (2014), o **levantamento preliminar** é realizado pelo professor ao sondar a comunidade escolar e registrar os principais problemas sociais daquele local, por meio de informações obtidas dos alunos. Desse modo, o professor procura fazer uma síntese sobre a situação em que vivem os estudantes e, com base nisso, organiza os trabalhos a serem realizados em sala de aula. Na etapa **redução temática**, de acordo com Sousa et al. (2014, p. 158):

> as principais características giram em torno da participação de um grupo de professores, sejam eles da própria escola em que atuam ou são sujeitos integrantes de grupos de estudos vinculados

a universidades, como é apresentado no estudo de Solino[*] (2013). A etapa de Desenvolvimento em Sala de Aula tem sido realizada por estudantes vinculados a grupos de estudo e de pesquisa (SOLINO, 2013) e mais frequentemente por alunos de graduação que realizam atividades relacionadas ao estágio supervisionado ou a outras disciplinas [...].

Na perspectiva de sistematizar a investigação temática em sala de aula, ação denominada *momento pedagógico*, Delizoicov (2001) propõe três momentos: 1) problematização inicial; 2) organização do conhecimento; e 3) aplicação do conhecimento. De acordo com esse autor, o primeiro momento corresponde às situações reais do conhecimento dos alunos e que estão relacionadas ao tema, cuja interpretação necessita de conhecimentos das teorias físicas. Desse modo, é então problematizado "o conhecimento que os alunos vão expondo, de modo geral, a partir de poucas questões propostas. Inicialmente, discutidas num **pequeno grupo**, para depois serem exploradas as posições dos vários grupos com toda a classe, no **grande grupo**" (Delizoicov, 2001, p. 142, grifo do original).

Dessa maneira:

> No primeiro momento, caracterizado pela apreensão e compreensão da posição dos alunos em face das questões em pauta, a função coordenadora do professor se volta mais para questionar posicionamentos, inclusive para fomentar a discussão das distintas posições dos alunos e lançar dúvidas sobre o assunto, do que para responder ou fornecer explicações. Deseja-se aguçar explicações contraditórias e localizar as possíveis limitações do conhecimento que vem sendo expressado, quando esse cotejado com o **conhecimento da Física que já foi selecionado para ser abordado**. Em síntese, a finalidade desse momento é proporcionar um distanciamento crítico do aluno ao se defrontar com as interpretações das situações propostas para discussão.
>
> O ponto culminante da problematização é fazer com que o aluno sinta a necessidade da aquisição de outros conhecimentos que ainda

---

* Ana Paula Solino Bastos (2013).

não detém, ou seja, procura-se configurar a situação em discussão como um **problema** que precisa ser enfrentado. (Delizoicov, 2001, p. 142-143, grifo do original)

No segundo momento, os conhecimentos selecionados para a compreensão dos temas e da problematização inicial são escrutinados sob a orientação do professor. Já o terceiro momento é destinado, sobretudo,

> a abordar sistematicamente o conhecimento que vem sendo incorporado pelo aluno para analisar e interpretar tanto as situações iniciais que determinam seu estudo quanto outras situações que, embora não sejam diretamente ligadas ao motivo inicial, podem ser compreendidas pelo mesmo conhecimento. Desse mesmo modo que no momento anterior, as mais diversas atividades devem ser desenvolvidas, buscando a generalização da conceituação que foi abordada no momento anterior, inclusive formulando os chamados problemas abertos. A meta pretendida com esse momento é muito mais a de capacitar os alunos a ir empregando o conhecimento na perspectiva de induzi-los a articular constantemente e rotineiramente a conceituação física com situações reais do que simplesmente encontrar uma solução ao empregar algoritmos matemáticos que relacionam grandezas físicas. Independentemente do emprego do aparato matemático disponível para se enfrentar essa classe de problemas, a identificação e o emprego de conceituação envolvida, ou seja, o suporte teórico fornecido pela Física, é que está em pauta nesse momento. É o **potencial explicativo e conscientizado das teorias físicas que deve ser explorado**. (Delizoicov, 2001, p. 144, grifo do original)

As perspectivas abordadas privilegiam a problematização no processo de ensino e aprendizagem e possibilitam a contextualização, pois é necessário estabelecer ou explorar um contexto para definir as relações do que está sendo problematizado com elementos ou aspectos de seu entorno. Por exemplo, ao problematizarmos ou apontarmos um problema relacionado a um conhecimento, podemos indicar questões que dizem respeito à contextualização histórica e à gênese do conhecimento em questão.

Sobre a problematização, vale lembrarmos o que destaca Gaston Bachelard:

> Antes de tudo o mais, é preciso formular problemas. E seja o que for que digam, na vida científica, os problemas não se apresentam por si mesmos. É precisamente esse sentido do problema que dá a característica do genuíno espírito científico. Para um espírito científico, todo conhecimento é resposta a uma questão. Se não houver questão, não pode haver conhecimento científico. Nada ocorre por si mesmo. Nada é dado. Tudo é construído. (Bachelard, 1977, p. 148, citado por Delizoicov, 2001, p. 128)

De outro modo, ao considerarmos a contextualização como elemento presente na abordagem problematizadora, percebemos a possibilidade concreta de uma articulação com o uso da história tanto da filosofia quanto da ciência. Isso porque é na nesta última, por exemplo, que podemos resgatar os processos históricos que dizem respeito à criação e à evolução dos conceitos físicos e matemáticos. Segundo Delizoicov (2001, p. 134):

> seria propiciada a contextualização da origem, formulação e solução dos problemas mais relevantes que culminaram com a produção dos modelos e teorias, o que teria o potencial de explicar o significado histórico dos problemas juntos aos estudantes e, talvez por isso, permitir-lhes a apreensão das soluções dadas e o respectivo conhecimento produzido.

Ainda sobre as abordagens contextualizadoras, ressaltamos a que está presente nas propostas que contemplam a perspectiva educativa que envolve ciência, tecnologia e sociedade (CTS), ou ciência, tecnologia, sociedade e ambiente (CTSA). Nessas perspectivas, a contextualização parece estar mais presente na exploração das relações entre CTSA, por exemplo, de forma crítica ao reconhecer a **não neutralidade** da ciência e considerar questões que dizem respeito aos sujeitos e à sociedade, levando em conta, ainda, as aplicações e/ou implicações da ciência na vida cotidiana. Além disso, destacamos a possibilidade concreta de ocorrer uma contextualização do ensino quanto aos aspectos sociocultural e econômico, pois:

A ciência não se desenvolve em uma torre de cristal, mas sim em um contexto social, econômico, cultural e material bem determinado. Por outro lado, não é possível explicar os conhecimentos científicos apenas a partir desse contexto: é necessário levar em conta os fatores internos da ciência, tais como os argumentos teóricos e as evidências experimentais disponíveis em cada momento. (Barra, 1998, citado por Martins, 2006, p. 20)

O uso da problematização ou da resolução de problemas como metodologias no ensino de matemática é bastante pesquisado e discutido pelos teóricos da área; desses trabalhos, podemos aprofundar a compreensão do que seja um problema e de que forma sua resolução pode ser desenvolvida na prática pedagógica do professor de matemática.

Por exemplo, há uma preocupação em distinguir problemas que se caracterizam pela aplicação de um algoritmo de forma mecânica daqueles em que a motivação de sua resolução reside, principalmente, em desenvolver uma estratégia para consegui-la (Dante, 1988). De modo geral, esses problemas são relacionados após o desenvolvimento dos conteúdos trabalhados nos finais dos capítulos dos livros didáticos e não oferecem grandes dificuldades de resolução, pois, na maioria das vezes, ela está contida no próprio enunciado e basta, portanto, uma leitura atenta, que permita a interpretação das informações e relacione-as a determinadas fórmulas matemáticas. Dessa forma, fica definido um algoritmo cujas operações matemáticas correspondem à estratégia de solução que, de alguma forma, já estava manifesta na própria natureza do problema – embora devamos reconhecer que possam existir várias estratégias de resolução de problemas dessa natureza.

Problemas desse tipo contribuem para a aprendizagem por meio da retomada de conceitos aprendidos e de suas aplicações na realização das atividades (exercícios) de fixação; porém, de acordo com Dante (1988, p. 85): "De modo geral, eles não suscitam a curiosidade do aluno e nem o desafiam". Nesse sentido, o que poderia desafiar e provocar os alunos no âmbito do ensino da matemática?

Buscando dar significado ao ensino, as sugestões indicadas para essa questão devem proporcionar um conteúdo que esteja relacionado com o dia a dia dos estudantes, ou seja, que aborde temáticas relacionadas a ações corriqueiras, como a aquisição de um bem – um carro, uma casa, um apartamento, um terreno, um aparelho eletroeletrônico – ou conceitos financeiros – um empréstimo bancário, os índices inflacionários e de correção de preços e de salário mínimo –, com base em fontes jornalísticas ou em situações específicas que possam ocorrer com os alunos ou seus familiares.

Nesses casos, o professor pode abordar diversos conteúdos matemáticos, como cálculo percentual e juros simples e compostos, para o caso de uso de conceitos financeiros. Se for vista a aquisição de um imóvel, por exemplo, podemos explorar questões relacionadas ao cálculo de áreas e perímetros, aos custos de reformas e à própria construção do bem, utilizando uma maquete que o represente em escala.

De outra maneira, considerando ainda as sugestões indicadas, mas, dessa vez, para o ensino de Física, podem ser explorados aspectos físicos da rede elétrica do imóvel e dos dispositivos que a compõem, como disjuntores, dimensões dos fios condutores, consumo de energia em cada cômodo e equipamentos de maior consumo, além de ser proposta aos alunos a elaboração de um plano de redução do consumo de energia elétrica.

Além disso, questões relacionadas a dados estatísticos e probabilidades podem suscitar situações interessantes para o ensino da matemática – por exemplo, as tabelas de campeonatos de futebol que sintetizam a participação e a *performance* dos times ou as possibilidades de estes ganharem o campeonato ou estarem numa dada classificação da tabela.

Em relação aos **tipos** de problemas, Dante (1988) propõe a seguinte classificação:

1. exercícios de reconhecimento;
2. exercícios de algoritmos;
3. problemas-padrão;
4. problemas-processo ou heurísticos.

Quanto aos três primeiros, o autor entende que eles não motivam nem desafiam os alunos, mas o último exige do estudante um plano de ação ou uma estratégia para sua solução, o que proporciona o desenvolvimento da criatividade e do espírito investigativo. Vale destacarmos que essa perspectiva incita os estudantes a desenvolverem atitudes investigativas (Demo, 2006) e a serem autônomos em relação à iniciativa própria quando estiverem diante de situações-problema.

Ainda sobre a perspectiva da resolução de problemas, na literatura acadêmica se destaca aquela denominada como *arte de resolver problemas*, cunhada por Polya (1994). Outros autores, como George Stanic e Jeremy Kilpatrick (1989), além das quatro classificações, indicam outras duas nos currículos escolares: 1) a resolução de problemas como **contexto** e 2) a resolução de problemas como **instrumentos**. Segundo os dois autores, a primeira trata-se de um meio para se atingir determinados objetivos; já a segunda tem como objetivo seu ensino para o desenvolvimento de uma competência.

A resolução de problemas proposta por Polya (1994) deve seguir quatro etapas: 1) a **compreensão** do problema; 2) o estabelecimento de um **plano**; 3) a **execução** do plano; e 4) o **retrospecto**. Assim, para solucionarmos um problema, é necessário compreendê-lo e desejar resolvê-lo já em seu enunciado – o qual deve ser preciso e ter clareza acerca dos dados e das condições inerentes a ele, da incógnita, das fórmulas e dos algoritmos que demanda (Polya, 1994). Nesse sentido, esquemas e figuras auxiliam a compreensão do problema quando relacionadas às informações e à incógnita, proporcionando uma visão completa da situação.

Dada a compreensão do problema, seguimos com a elaboração de um plano para resolvê-lo, o que corresponde à etapa mais difícil, pois deve ser proposta uma estratégia que, com base nas informações e na compreensão completa do enunciado, resulte num caminho que possibilite conhecer a incógnita por meio de um algoritmo. Para isso, é essencial refletir e estabelecer conexões entre as informações e a incógnita de forma estimulada e comparada, se necessário, a situações similares, buscando conceber uma ideia que origine a estratégia. Após a elaboração desta, há a sua execução, que consiste na realização com bastante atenção e cuidado dos procedimentos previamente organizados, pois essa etapa envolve operações e cálculos matemáticos. A etapa final é o retrospecto – ou a revisão – de todo o processo executado, o que possibilita consolidar e aperfeiçoar o conhecimento utilizado nessa resolução e a própria capacidade de resolver problemas.

3.2 Modelagem matemática

No âmbito do ensino, em certas situações do dia a dia que contenham problemas a serem resolvidos ou estudados, além da metodologia de resolução discutida na seção anterior, há a possibilidade de usarmos a **modelagem matemática** como instrumento pedagógico no processo de ensino e aprendizagem. Além disso, a modelagem matemática também é um método de pesquisa, conforme afirma Bassanezi (2002), e pode ser compreendida como a "arte de transformar problemas da realidade em problemas matemáticos e resolvê-los interpretando suas soluções na linguagem do mundo real" (Bassanezi, 2002, p. 16). Assim, podemos entender que o problema real passa a ser representado, de forma aproximada, por meio de um modelo matemático que possibilita associá-lo ao conhecimento matemático, principalmente no que diz respeito a sua solução.

Para Maria Salett Biembengut e Nelson Hein (2009), a modelagem matemática é o processo que envolve a obtenção de um modelo com base em um problema. Assim,

> Seja qual for o caso, a resolução de um problema, em geral quando quantificado, requer uma formulação matemática detalhada. Nessa perspectiva, um conjunto de símbolos e relações matemáticas que procura traduzir, de alguma forma, um fenômeno em questão ou problema de situação real, denomina-se "modelo matemático". (Biembengut; Hein, 2009, p. 12)

São exemplos de modelos matemáticos – e físico-matemáticos – equações algébricas, diagramas e representações geométricas, entre outros, cuja elaboração está relacionada diretamente ao conhecimento matemático – e físico-matemático. De acordo com o filósofo da ciência Mario Bunge (1974, p. 10), "Toda teoria específica é, na verdade, um modelo matemático de um pedaço da realidade". Ou seja, podemos considerar os modelos matemáticos como representações aproximadas da realidade por meio de teorias (científicas) específicas.

Em relação ao termo *modelo*, Bassanezi (2002) destaca a ambiguidade de sua compreensão, mas observa que seu uso estará restrito a dois tipos: **modelo objeto** e **modelo teórico**. Em relação ao primeiro, o autor o define como a "representação de um objeto ou fato concreto", cujas "características predominantes são a estabilidade e a homogeneidade das variáveis" (2002, p. 19-20). Ainda de acordo com o autor, as representações desse modelo podem ser **pictórica** (desenho ou um mapa), **conceitual** (fórmula matemática) ou **simbólica** (por exemplo, um modelo epidemiológico que considera o grupo de infectados como sendo homogêneo ou um desenho para representar o alvéolo dos favos usado pelas abelhas na produção do mel).

Já o modelo teórico, segundo Bassanezi (2002, p. 20), vincula-se a uma teoria geral existente e "será sempre construído em torno de um modelo objeto com um código de interpretação". Um exemplo é o caso da obtenção da equação da tratória, descrita a seguir:

> A tratória
> Muitos problemas que serviram para testar métodos matemáticos ou estimular desafios e competições entre matemáticos nos séculos XVII e XVIII tiveram sua origem na observação de processos mecânicos, geralmente simples.
> O estudo de curvas especiais que servissem para modelar tais fenômenos físicos proporcionou o desenvolvimento tanto da Mecânica como do próprio Cálculo Diferencial e Integral. No rol das curvas que surgiram na ocasião, podemos citar a catenária, a braquistócrona, a velária, a tratória entre outras tantas. Destas, a tratória é a menos conhecida atualmente. Acredita-se que o problema que a originou tenha sido proposto por C. Perrault por volta de 1670 que, para ilustrar a questão, puxava seu relógio de bolso, apoiado sobre uma mesa, pela corrente. Movendo a ponta da corrente sobre a borda

da mesa, o relógio descrevia uma curva que tendia à borda, era a tratória. Para a obtenção da equação da tratória, basta entender que, durante o movimento de arrasto do relógio, a corrente está sempre tangente à trajetória descrita pelo relógio. Também, a distância entre o ponto de tangência (relógio) e o eixo-x (borda da mesa), sobre a reta tangente (corrente), é constante (comprimento da corrente esticada). A tradução desta linguagem para a linguagem matemática permite descrever o fenômeno pelo modelo: $\frac{dy}{dx} = -\frac{y}{\sqrt{a^2 - y^2}}$. (Bassanezi, 2002, p. 21)

No Gráfico 3.1, podemos observar a curva da tratória.

Gráfico 3.1 – Curva da tratória

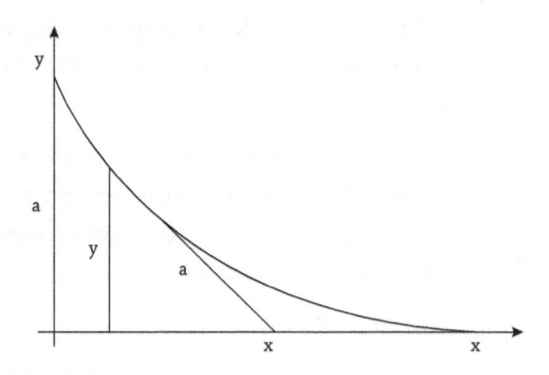

Fonte: Bassanezi, 2002, p. 21.

Em relação aos modelos matemáticos, o autor afirma que eles são classificados em:

- **Linear** ou **não linear** – caso as equações básicas possuam essa característica.
- **Estático** – quando representa a forma de um objeto (a forma geométrica de um alvéolo) ou **dinâmico** – quando simula variações de estágios do fenômeno (crescimento populacional de uma colmeia).

- **Educacional** – quando é baseado em um número pequeno ou simples de suposições, tendo quase sempre soluções analíticas (modelo presa-predador de Lotka-Volterra). [...] Geralmente estes modelos não representam a realidade com o grau de fidelidade adequada para se fazer previsões. Entretanto, a virtude de tais modelos está na aquisição de experiência e no fornecimento de ideias para a formulação de modelos mais adequados à realidade estudada; ou **aplicativo** – baseado em hipóteses realísticas e, geralmente, envolve inter-relações de um grande número de variáveis, fornecendo em geral sistemas de equações com numerosos parâmetros.
- **Estocástico ou determinístico**, de acordo com o uso ou não de fatores aleatórios nas equações.
- Os modelos determinísticos são baseados na suposição que se existem informações suficientes em um determinado instante ou num estágio de algum processo, então todo o futuro do sistema pode ser previsto precisamente. Os modelos estocásticos são aqueles que descrevem a dinâmica de um sistema em termos probabilísticos (cf. M. Thompson). Os modelos práticos tendem a empregar métodos estocásticos, e quase todos os processos biológicos são formulados com estes modelos quando se tem pretensões de aplicabilidade. (Bassanezi, 2002, p. 20-22, grifo do original)

Vale destacarmos que a modelagem matemática pode ser interpretada como uma mediação entre uma situação da realidade e sua formulação matemática, no que diz respeito ao corpo teórico dessa área do conhecimento, ou seja, ela transpõe "o problema de alguma realidade para a Matemática onde será tratado através de teorias e técnicas própria desta Ciência" (Bassanezi, 2002, p. 25). A forma pela qual esse processo é realizado pode ser verificada, de modo geral, na literatura acadêmica, mas parece ser estruturada em três etapas importantes, segundo Biembengut e Hein (2009, p. 13):

    a. Interação
- reconhecimento da situação-problema;
- familiarização com o assunto a ser modelado → referencial teórico.

b. Matematização
- formulação do problema → hipóteses;
- resolução do problema em termos de modelo.

c. Modelo matemático
- interpretação da solução;
- validação do modelo → avaliação

De acordo com Biembengut e Hein (2009), na primeira etapa, após a definição do tema, é realizado um estudo por meio da literatura (modo indireto) ou do próprio local, mediante experiência em campo e/ou na utilização de dados experimentais, buscando maior clareza da situação-problema à medida que se interage com os dados da pesquisa. Já a segunda etapa, que pode ser iniciada mesmo sem a conclusão da primeira, é constituída pela formulação do problema e sua resolução, consistindo, portanto, na "tradução" da situação-problema para a linguagem matemática e procurando obter "um conjunto de expressões aritméticas ou fórmulas, ou equações algébricas, ou gráficos, ou representações, ou programa computacional, que levem à solução ou permitam a dedução de uma solução" (Biembengut; Hein, 2009, p. 14).

A modelagem matemática também é proposta como uma metodologia de ensino, ou seja, pensada como uma forma pedagógica para ensinar os conteúdos matemáticos na educação básica e como um modo de estimular o estudante desse nível. Nesse caso, o método que emprega a essência da modelagem matemática em um curso regular é a **modelação matemática**, que, segundo Biembengut e Hein (2009, p. 18, grifo do original), "norteia-se por desenvolver o conteúdo programático a partir de um **tema** ou modelo matemático e orientar o aluno na realização de seu próprio modelo-modelagem".

Síntese

Neste capítulo, observamos como as abordagens problematizadoras podem ser desenvolvidas na sala de aula baseadas da concepção de tema gerador, proposto por Freire (1987). Nessa perspectiva, também consideramos o pensamento de Delizoicov (2001), que propõe três momentos pedagógicos: problematização inicial, organização do conhecimento e aplicação do conhecimento.

Sobre as questões problematizadoras, por sua vez, investigamos a pertinência delas na solução de problemas no ensino de Matemática, e vimos que eles, inicialmente, são classificados como exercícios de reconhecimento, exercícios de algoritmos, problemas-padrão e problemas-processo ou heurísticos. Já sobre a resolução de problemas, analisamos a visão de Polya (1994), que a denominou de "a arte de resolver problemas". Vimos que ela se fundamenta em quatro etapas: a compreensão do problema, o estabelecimento de um plano, a execução desse plano e retrospecto.

Por fim, avaliamos a modelagem matemática, que Bassanezi (2002, p. 16) definiu como "arte de transformar problemas da realidade em problemas matemáticos e resolvê-los interpretando suas soluções na linguagem do mundo real". Para essa autor, um modelo matemático pode ser linear ou não linear, estático, educacional e estocástico ou determinístico. Ainda sobre a modelagem matemática, identificamos nela as seguintes etapas: interação; reconhecimento da situação-problema; familiarização com o assunto a ser modelado (referencial teórico); matematização, ou seja, a formulação do problema (hipóteses e resolução do problema em termos de modelo); e modelo matemático, que pressupõe a interpretação da solução e a validação do modelo (avaliação).

ATIVIDADES DE AUTOAVALIAÇÃO

1. Relacione cada uma das etapas a sua característica, conforme explicadas por Sousa et al. (2014, p. 157).

    I. Levantamento preliminar
    II. Codificação
    III. Descodificação
    IV. Redução temática
    V. Desenvolvimento em sala de aula

    ( ) "implementação de atividades em sala de aula".
    ( ) "reconhecimento local da comunidade".

( ) "seleção de conceitos científicos para compreender o tema e planejamento de ensino".

( ) "legitimação dessas situações e sintetização em Temas Geradores".

( ) "análise e escolha de contradições sociais vivenciadas pelos envolvidos".

Agora, assinale a alternativa que apresenta a relação correta:

a) II, IV, I, III e V.
b) I, III, V, IV e II.
c) V, I, IV, III e II.
d) III, V, IV, II e I.

2. Na perspectiva de sistematizar a investigação temática na sala de aula, denominada *momentos pedagógicos*, Delizoicov (2001) propõe três momentos. Assinale a alternativa que corresponde a eles na ordem em que são propostos:

a) Observação inicial, sistematização do conhecimento e aplicação do conhecimento.

b) Problematização inicial, organização do conhecimento e aplicação do conhecimento.

c) Reflexão inicial, organização das informações e aplicação de leis ou princípios.

d) Verificação inicial, formulação do conhecimento e aplicação do conhecimento.

3. De acordo com os três momentos pedagógicos propostos por Delizoicov (2001), assinale a alternativa que apresenta as descrições de cada um, do 1º ao 3º.

a) 1º) A apreensão e a compreensão da posição dos alunos diante das questões em pauta; 2º) Os conhecimentos selecionados para a compreensão dos temas e da problematização inicial são escrutinados sob a orientação do professor; 3º) Abordagem sistemática do conhecimento que vem sendo incorporado pelo aluno para analisar e interpretar tanto as situações iniciais que determinam seu estudo quanto outras situações que, embora não sejam diretamente ligadas ao motivo inicial, podem ser compreendidas pelo mesmo conhecimento.

b) 1º) Abordagem sistemática do conhecimento que vem sendo incorporado pelo aluno para analisar e interpretar tanto as situações iniciais que determinam seu estudo quanto outras situações que, embora não sejam diretamente ligadas ao motivo inicial, podem ser compreendidas pelo mesmo conhecimento; 2º) A apreensão e a compreensão da posição dos alunos diante das questões em pauta; 3º) Os conhecimentos selecionados para a compreensão dos temas e da problematização inicial são escrutinados sob a orientação do professor.

c) 1º) Os conhecimentos selecionados para a compreensão dos temas e da problematização inicial são escrutinados sob a orientação do professor; 2º) A apreensão e a compreensão da posição dos alunos diante das questões em pauta; 3º) Abordagem sistemática do conhecimento que vem sendo incorporado pelo aluno para analisar e interpretar tanto as situações iniciais que determinam seu estudo quanto outras situações que, embora não sejam diretamente ligadas ao motivo inicial, podem ser compreendidas pelo mesmo conhecimento.

d) 1º) Os conhecimentos selecionados para a compreensão dos temas e da problematização inicial são escrutinados sob a orientação do professor; 2º) Abordagem sistemática do conhecimento que vem sendo incorporado pelo aluno para analisar e interpretar tanto as situações iniciais que determinam seu estudo quanto outras situações que, embora não sejam diretamente ligadas ao motivo inicial, podem ser compreendidas pelo mesmo conhecimento; 3º) A apreensão e a compreensão da posição dos alunos diante das questões em pauta.

4. Assinale a alternativa que corresponde à classificação proposta por Dante (1988) para os tipos de problema:

a) Exercícios para a inicialização, exercícios secundários, problemas desafiadores e problemas abertos.

b) Exercícios de fixação, exercícios literais, problemas clássicos e problemas processuais.

c) Exercícios preliminares, exercícios heurísticos, problemas de algoritmos e problemas qualitativos.

d) Exercícios de reconhecimento, exercícios de algoritmos, problemas padrões, e problemas-processo ou heurísticos.

5. A resolução de problemas proposta por Polya (1994) deve seguir quatro etapas. Marque a alternativa que corresponde a elas:

a) Compreensão do problema, estabelecimento de um plano, execução do plano, retrospecto.

b) Leitura do problema, organização das informações, aplicação das fórmulas, interpretação do resultado.

c) Interpretação do problema, escolha do formulário para resolver o problema, execução dos cálculos.

d) Compreensão do problema, seleção do conteúdo aplicado, aplicação do conhecimento, interpretação do resultado.

ATIVIDADES DE APRENDIZAGEM

Questões para reflexão

1. Elabore, de forma simulada, uma sequência didática que contemple a perspectiva denominada *momentos pedagógicos* no ensino de ciências proposta por Delizoicov (2001): problematização inicial, organização do conhecimento e aplicação do conhecimento. Ao final, relacione as dificuldades que enfrentou e o que você considera inovador nessa perspectiva.

2. Elabore, de forma simulada, uma sequência didática que contemple a perspectiva da modelagem matemática no ensino de matemática estruturada segundo Biembengut e Hein (2009). Ao final, relacione as dificuldades que enfrentou e o que você considera inovador nessa perspectiva.

Atividade aplicada: prática

1. Desenvolva uma atividade a ser aplicada em sala de aula (na disciplina de Matemática ou de Física) que contemple a proposta denominada *momentos pedagógicos* (ou *modelagem matemática*). Após a aplicação, descreva os resultados considerando as contribuições que essa prática proporciona ao ensino da disciplina escolhida.

Aulas Contextualizadas e Perspectiva Interdisciplinar

Neste capítulo, discutimos e analisamos alguns trabalhos de professores e pesquisadores da área de ensino de matemática e de física com o objetivo de auxiliar na elaboração de propostas que possam levar em conta as discussões realizadas até agora.

Os trabalhos apresentados foram selecionados por meio de uma busca simples na internet, e o critério que usamos para selecioná-los corresponde aos conceitos investigados nos capítulos anteriores.

4.1 Retomando a discussão

Para iniciarmos a verificação dos trabalhos, destacamos que, em nossa análise, levamos em conta os seguintes aspectos: a **matemática como estruturante do conhecimento científico**, as **abordagens contextualizadoras e interdisciplinares**, a **problematização** (ou **problema**) e a **modelagem matemática**. Esses conceitos servem como orientação e referência para nossas discussões acerca dos posicionamentos dos autores abordados.

Em relação ao primeiro aspecto – a matemática como estruturante do conhecimento científico –, relembramos que ele pode ser mais bem compreendido sob a perspectiva de duas categorias: as **habilidades técnicas** e as **habilidades estruturantes** (Karam; Pietrocola, 2009b). A primeira corresponde ao domínio instrumental de algoritmos, regras, fórmulas, gráficos, equações etc., enquanto a segunda se refere à "capacidade de se fazer um uso organizacional da Matemática em domínios externos a ela (especialmente em Física)" (Karam; Pietrocola, 2009b, p. 194).

As abordagens do segundo e terceiro aspectos – a **contextualização** e a **interdisciplinaridade** – são bastante pertinentes porque, ao discutirmos o papel da matemática no ensino da física, percebemos a necessidade de integrar de forma contextualizada essas ciências para compreender melhor os significados dos fenômenos físicos. Além disso, as possíveis relações entre ambas as áreas do conhecimento extrapolam a definição de um ensino interdisciplinar, pois a matemática, como vimos, é estruturante para que o conhecimento da física se estabeleça. Dessa forma, a natureza do conhecimento físico contém, em parte, a matemática nas formas de estrutura e de linguagem necessárias para a constituição desse conhecimento.

Além disso, como apresenta caráter de linguagem para a comunicação do conhecimento físico, há situações em que o formalismo matemático é, ao mesmo tempo, conhecimento matemático e físico, como ocorre, por exemplo, com as equações de Maxwell*:

- $\nabla \cdot \vec{E} = \dfrac{\rho}{\varepsilon_0}$ (Lei de Gauss);

- $\nabla \cdot \vec{B} = 0$ (Lei de Gauss para o magnetismo);

---

* Correspondem a quatro equações diferenciais parciais que, juntamente da lei de Lorentz, estabelecem a base do eletromagnetismo clássico, que contempla a óptica clássica. Essas equações receberam esse nome – *equações de Maxwell* – em homenagem ao físico e matemático escocês James Clerk Maxwell, que formulou a teoria moderna do eletromagnetismo unificando a eletricidade, o magnetismo e a óptica.

- $\nabla \cdot \vec{E} = -\dfrac{\partial \vec{B}}{\partial x}$ (Lei de Faraday);

- $\nabla \cdot \vec{B} = \mu_0 \vec{J} + \mu_0 \varepsilon_0 \dfrac{\partial \vec{E}}{\partial x}$ (Lei de Ampère com a correção de Maxwell).

Essas equações carregam conhecimentos físico e matemático e, portanto, apresentam ambiguidade no ensino de física, pois o caráter matemático fica bastante evidenciado.

Para a discussão acerca da **contextualização**, as prerrogativas observadas são: relacionar o conteúdo de ensino com o cotidiano dos estudantes, buscando despertar neles o interesse pelas ciências e pela matemática, além de ser uma forma de melhor significar esses conteúdos no processo de ensino e aprendizagem; vincular os conteúdos de ensino aos processos produtivos e/ou aos fenômenos físicos naturais e artificiais; observar as perspectivas histórica e sociocultural, nas quais consideramos a importância de características intrínsecas à criação dos conceitos físicos e matemáticos; e contemplar as configurações ciência, tecnologia e sociedade (CTS) ou ciência, tecnologia, sociedade e ambiente (CTSA).

Em relação à **interdisciplinaridade**, recorremos a algumas concepções importantes, como é o caso da visão japiassuana (Japiassu, 1976), na qual o termo *interdisciplinaridade* busca superar a fragmentação do saber e sua pulverização em múltiplas formas e especialidades. Outra imagem levada em conta em nossas análises é a proposta de Fazenda (1994), que está voltada para a ideia de cooperação e parceria. Além dessas abordagens, lançamos mão também da noção de que a interdisciplinaridade pode ser desenvolvida individualmente, isto é, um professor pode ministrar sua disciplina de forma a contemplá-la sem negar a disciplinaridade, realizando-a com base no conhecimento interdisciplinar (Jantsch; Bianchetti, 1995; Alves Filho, 2006).

Ao tratarmos das questões que envolvem os papeis da matemática e da física nos ensinos de uma e de outra, além da contextualização e da interdisciplinaridade, parece-nos evidente que os **aspectos metodológicos** também apontam para o uso da **problematização** e da **modelagem matemática** no ensino dessas ciências. Essas abordagens trazem consigo a necessidade de consideramos a conceituação sobre o que são um problema ou uma problematização. Portanto, para realizarmos uma análise baseada em uma visão holística e, contudo, objetiva, sobre a aproximação dos processos de ensino e aprendizagem das disciplinas de Matemática e de Física, devemos ter em mente ambas as metodologias – respectivamente o quarto e o quinto aspectos.

Lembramos que, para a problematização, levamos em conta as perspectivas propostas por Delizoicov (2001), denominada *momentos pedagógicos*, e de resolução de problemas, proposta por Polya (1994); para a modelagem matemática, recorremos a Bassanezi (2002) e a Biembengut e Hein (2009).

4.2 Sugestões de trabalhos desenvolvidos em sala de aula

Feito um resumo teórico-metodológico sobre o ensino da matemática e da física, sugerimos, a partir de agora, trabalhos de professores e pesquisadores das áreas em questão que possibilitam a percepção dos aspectos até aqui tratados. Porém, salientamos que é fundamental que os professores de Matemática e de Física produzam os próprios materiais levando em conta as discussões aqui estabelecidas e suas próprias experiências profissionais.

Articulação entre o ensino de Matemática e de Física: uma aproximação entre a modelagem matemática e as atividades experimentais[*]

A motivação deste trabalho foi responder à seguinte questão investigativa: "**Como os alunos do curso de Licenciatura em Matemática analisam alguns fenômenos físicos, em ambiente onde se articulam a Modelagem Matemática e a Experimentação?**" (Campos; Araújo, 2011,

---

[*] Elaborado com base em Campos; Araújo, 2011.

p. 3, grifo do original). O objetivo era observar e descrever as principais dificuldades encontradas pelos alunos durante a realização das atividades de matemática e a forma como ocorre a articulação entre os conhecimentos matemático e físico num ambiente que associa a modelagem matemática com a experimentação.

Para tanto, os estudantes realizaram sete experimentos de física que buscaram aproximar duas abordagens pedagógicas: a modelagem matemática e a experimentação. Para isso, os autores Luís da Silva Campos e Mauro Sérgio Teixeira de Araújo (2011) tomaram como base a concepção de modelagem matemática de Jonei Cerqueira Barbosa (2001, 2004a, 2004b) e as atividades de física foram realizadas com diferentes níveis de estruturação.

Participaram 23 estudantes do curso de Matemática que, divididos em grupos, realizaram experimentos quantitativos (um grupo) e qualitativo (demais grupos). De acordo com os autores, as atividades proporcionaram mais interação entre os alunos e entres eles e o professor, e a vivência do processo também "permitiu o enriquecimento da bagagem de conhecimentos construídos sobre os temas abordados e contribuiu para que se tornassem indivíduos menos dependentes do professor e em melhores condições para dar significado à sua aprendizagem" (Campos; Araújo, 2011, p. 12).

As experiências estavam contextualizadas, pois os conteúdos de ensino foram relacionados a fenômenos físicos produzidos no laboratório. No entanto, a contextualização não explorou o cotidiano dos estudantes nem os processos produtivos, tampouco foi histórica e sociocultural.

Contudo, o que mais destacamos nesse trabalho são os momentos que possibilitaram algumas relações entre a matemática e a física, principalmente no que diz respeito à primeira como uma linguagem estruturante do conhecimento da segunda. Esses momentos foram proporcionados por meio da modelagem matemática realizadas pelos estudantes.

Nesse sentido, a modelagem matemática e as atividades experimentais foram as abordagens pedagógicas predominantes no trabalho e, por serem realizadas de forma articulada, demandaram a aplicação da matemática. Assim, para cada experimento, os estudantes precisavam encontrar modelos matemáticos que pudessem descrever os fenômenos físicos observados e, com base no modelo encontrado, desenvolver estudos e análises. Os estudantes conseguiram obter os modelos matemáticos referentes aos fenômenos físicos, mas tiveram dificuldade em obter os modelos em outros experimentos.

No primeiro e no quarto experimentos, de acordo com Campos e Araújo (2011), os estudantes aplicaram os conceitos físicos e encontraram o modelo matemático, mas precisaram da intervenção do professor. Em outros, propostos com roteiros menos estruturados, os autores relatam que os alunos precisaram associar os dados experimentais a modelos matemáticos representados por funções do segundo grau e, nesses casos, embora os tenham encontrado e suas fundamentações teóricas fossem adequadas, os educandos "apresentaram grandes dificuldades para calcular as constantes envolvidas, interpretar o significado físico dessas constantes, identificar o limite de validade da atividade experimental e construir o modelo teórico que relacionava as grandezas físicas estudadas" (Campos; Araújo, 2011, p. 9).

O sétimo experimento foi uma escolha dos alunos, que, segundo Campos e Araújo (2011), conseguiram estruturar a experiência e elaborar explicações adequadas sobre elas, mas tiveram dificuldade em estabelecer a relação entre a modelagem matemática e a atividade experimental. Essa dificuldade talvez estivesse relacionada à formulação matemática, ou seja, à matematização, pois foi relatada a dificuldade que os estudantes tiveram para construir as relações entre as grandezas físicas (Campos; Araújo, 2011).

MODELAGEM MATEMÁTICA: APLICAÇÕES DAS FUNÇÕES EXPONENCIAIS EM UM CURSO DE TECNOLOGIA*

Neste trabalho, Soares et al. (2014) analisaram a utilização e a relevância de conteúdos matemáticos para os alunos da disciplina de Cálculo

---

* Elaborado com base em Soares et al., 2014.

Diferencial I do Curso Superior de Tecnologia em Fabricação Mecânica, da Universidade Tecnológica Federal do Paraná (UTFPR), *campus* de Ponta Grossa, no dia a dia. Os pesquisadores desenvolveram uma atividade de modelagem matemática envolvendo a aplicação das funções exponenciais e promoveram discussões acerca dos resultados obtidos. Foram destacadas as reflexões e as opiniões de alguns alunos sobre essas funções em suas vidas diárias (Soares et al., 2014).

O trabalho se distingue pela contextualização da função exponencial em situações comuns, referentes às seguintes áreas: alimentação, biologia, comércio, economia, indústria, matemática financeira e sociologia. Para cada uma delas, o uso dessa função foi evidenciado nas situações a seguir: o crescimento de vegetais, a reprodução de bactérias, a produção de artefatos na indústria, o investimento financeiro, os juros compostos e a fabricação de cartões para o comércio.

Em relação ao aspecto da matemática como estruturante do conhecimento científico, esse trabalho não o explorou, provavelmente, porque, ao definir o modelo matemático de forma *a priori* – ou seja, a função exponencial –, as questões da matemática como estruturante do conhecimento científico ficam restritas apenas às **habilidades técnicas**, minimizando possíveis discussões. Nesse caso, não há nenhuma problemática sobre o conhecimento matemático em questão, mas apenas sobre as aplicações relacionadas a esse conhecimento.

Outro aspecto importante a ser destacado é que esse trabalho possibilita aplicações em diversas áreas, o que configura a interdisciplinaridade. Apesar disso, das atividades relatadas, houve apenas uma situação do dia a dia bem explorada, a atividade sobre a meia-vida dos remédios, associada à disciplina de Química, que foi desenvolvida com base no conhecimento interdisciplinar da professora, que propôs a seguinte problemática:

> O tempo de ação máxima de determinado medicamento vem expressa [sic] na bula da maioria dos remédios, isto é, a meia-vida. Assim, considerando uma pessoa que tomou 100mg de certa medicação, sendo que na bula do tal remédio informava-se que após 6 horas de ingestão a medicação atingiria a concentração mais alta

no sangue, represente o comportamento desta medicação após 6 horas. Que função expressa esse comportamento? (Soares et al., 2014, p. 64)

Essa definição de meia-vida permitiu que fosse elaborada uma tabela que relaciona os tempos (em horas) e as concentrações (meia-vida) do remédio no organismo de uma pessoa. Com essa sistematização, foi possível estabelecer uma relação entre o número de horas de ingestão do remédio e a meia-vida dele – inclusive com o uso planilhas eletrônicas –, cuja função aplicável é $y = 100e^{-0,693x}$, na qual y representa a meia-vida do remédio e x retrata o tempo em horas.

Por fim, o trabalho também mencionou a modelagem matemática como uma forma de aplicação das funções exponenciais que, nesse caso, correspondem ao modelo matemático em questão. Em relação a esse aspecto, vale ressaltarmos que esse encaminhamento atende apenas a uma das etapas que constitui a proposta da modelagem matemática, pois este trabalho não problematiza sobre qual modelo é o mais adequado, mas procura utilizar os dados obtidos para realizar os ajustes ou encontrar as constantes presentes no modelo adotado.

QUAL SERIA A PROVA DE ATLETISMO QUE DETERMINARIA O HOMEM MAIS RÁPIDO DO MUNDO?*

Abordando a disciplina de Educação Física, este trabalho demonstrou os fundamentos e os treinos básicos de provas de velocidade do atletismo (de 100, 200 e 400 metros rasos) sob a perspectiva da disciplina da Física.

A problemática proposta foi analisar a prova mais rápida do atletismo e encontrar um modelo matemático aplicado para ela, baseado em estudos matemáticos e físicos das variáveis envolvidas na prova, como as medidas de distância e de tempo, em corridas realizadas pelos estudantes do ensino médio das duas disciplinas, sob a orientação dos professores de ambas.

---

* Elaborado com base em TV Escola, 2017c.

Em relação à contextualização, ela ocorreu em uma perspectiva sociocultural, ou seja, foi utilizada uma prova de velocidade do atletismo comum em eventos esportivos realizados em diversas localidades e períodos, como as competições propostas pela Confederação Brasileira de Atletismo (CBA) e pelas redes escolares da educação básica. Já a interdisciplinaridade foi evidenciada pela abordagem pedagógica de conteúdos da Física e da Educação Física. Nesse caso, a ação pedagógica pode ser interpretada sob a concepção japiassuana de pluridisciplinaridade, na qual há a justaposição de disciplinas situadas no mesmo nível hierárquico, com objetivos múltiplos e cooperação, mas sem coordenação. Também podemos apontar a concepção formulada por Fazenda (1994), voltada para ideia de cooperação e parceria que, nesse trabalho, abrangeu as duas disciplinas.

Em relação aos aspectos relacionados à matemática como estruturante do conhecimento científico, percebemos a presença tanto das habilidades técnicas quanto das estruturantes. As primeiras ocorreram nas manipulações algébricas para a obtenção do polinômio a partir das equações da velocidade de cruzeiro e de tempo para realização da prova, e também com base na resolução do sistema linear obtido com as medidas dos tempos e das distâncias. Já as segundas puderam ser notadas por meio do modelo matemático proposto, pelo qual se busca uma forma (simplificada) de descrição e de representação do fenômeno estudado.

Observamos também que o modelo matemático foi o instrumento fundamental para a resolução da questão proposta por esse trabalho, ou seja, foi por meio dele e dos dados empíricos que foi respondida a questão: "Qual a prova de atletismo mais rápida?"

Finalmente, vemos que a modelagem matemática não foi explorada nesse trabalho. Isso ocorreu porque, apesar da utilização de um modelo matemático, não houve investigação sobre qual seria o modelo mais apropriado, apenas houve a seleção de um para ser adotado.

De "volta" para o futuro*

Desenvolvido com base na proposta de uma parceria entre as disciplinas de Física e de Química, este trabalho abrangeu os circuitos elétricos e os geradores eletroquímicos. No caso da Física, destacamos a associação de geradores em série e em paralelo e, da Química, as reações de oxirredução nas células eletrolíticas.

Em relação à contextualização, ela ocorreu pela relação entre os conteúdos de ensino de fenômenos físicos e químicos artificiais, representados pelos circuitos elétricos e pelas pilhas comuns. No entanto, há a sugestão de se vincular os peixes elétricos com a associação mista de geradores por meio de uma questão de vestibular da Universidade Federal do Rio Grande do Norte (UFRN), a qual diz respeito à contextualização relacionada aos fenômenos naturais .

A interdisciplinaridade, por sua vez, foi atendida tanto pela concepção formulada por Japiassu (1979) quanto pela formulada por Fazenda (1994), pois podemos entender que as disciplinas de Física e de Química estão justapostas na pluridisciplinaridade ou que há cooperação e parceria entre elas.

A matemática como estruturante do conhecimento científico não foi explorada, pois as expressões apresentadas não estavam conceituadas, mas relacionadas a leis, a nomes de grandezas físicas ou a esquemas de associações de geradores. Ou seja, não foram desenvolvidas habilidades técnicas nem estruturantes e, no caso da Química, os conteúdos relacionados foram apresentados por meio de esquemas, quadros e figuras, conforme consta no exemplo mostrado a seguir.

---

* Elaborado com base em TV Escola, 2017b.

Figura 4.1 – Fluxo de elétrons

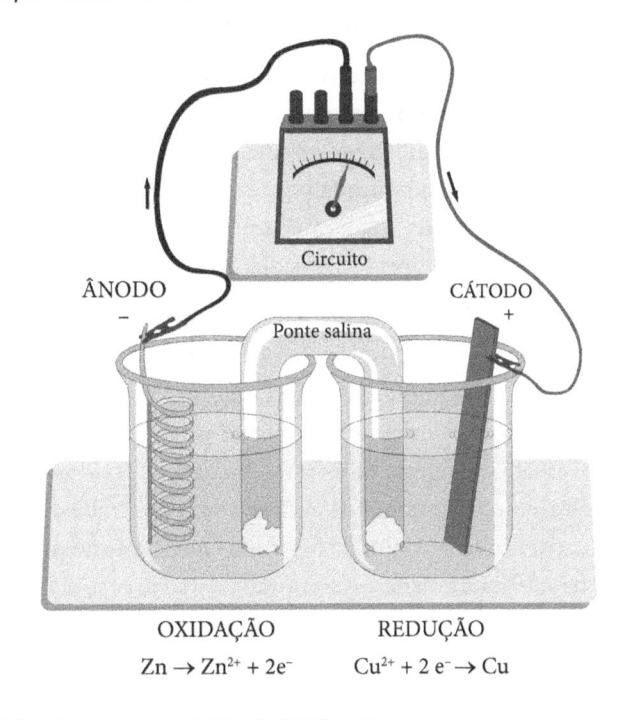

[Figura: diagrama de pilha com ânodo (Zn) e cátodo (Cu), ponte salina e circuito com voltímetro]

OXIDAÇÃO
Zn → Zn²⁺ + 2e⁻

REDUÇÃO
Cu²⁺ + 2 e⁻ → Cu

Fonte: Elaborado com base em TV Escola, 2017b, p. 6.

Sobre o aspecto da modelagem matemática, não há ocasiões em que ela seja mencionada ou que tenha sido utilizada por meio de algum modelo físico. No entanto, é mostrado o modelo de uma pilha de Volta, mas isso não está relacionado à modelagem matemática. Também não percebemos situações problematizadoras na realização deste trabalho, mas notamos situações sugeridas nas quais os alunos poderão desenvolver atividades experimentais que potencializam ações investigativas.

As ondas eletromagnéticas do rádio*

Este trabalho foi realizado com a junção das disciplinas de Física e de História. Em relação à primeira, foi descrito, de forma sucinta, o

---

* Elaborado com base em TV Escola, 2017a.

funcionamento do rádio analógico e de elementos de sua constituição, além das ondas eletromagnéticas utilizadas para a transmissão das informações.

Foram desenvolvidas duas atividades experimentais sobre a criação e a transmissão de ondas eletromagnéticas e o uso de simuladores para visualizar, por exemplo, o processo de emissão, o deslocamento e a recepção das ondas. Houve ainda um resgate histórico da realização da primeira transmissão da voz humana pelo padre e cientista Landell de Moura, segundo os autores (TV Escola, 2017a).

Quanto à disciplina de História, o trabalho propôs uma discussão sobre a sociedade brasileira das décadas de 1930 e 1940, da Era Vargas e do governo de Juscelino Kubitschek. Para isso, tomou como fio condutor a evolução dos meios de comunicação – em especial, do rádio. Também propôs um resgate de alguns momentos históricos vividos pela sociedade brasileira, com fragmentos de áudios, como a entrada do Brasil na Segunda Guerra Mundial, o fim da Segunda Guerra Mundial (discurso de Vargas aos soldados brasileiros), a renúncia de Vargas (1945), o *jingle* da campanha de Vargas nas eleições para presidente (1950), o suicídio de Vargas (1954) e a renúncia de Jânio Quadros (1961).

Figura 4.2 – Componentes básicos de um rádio

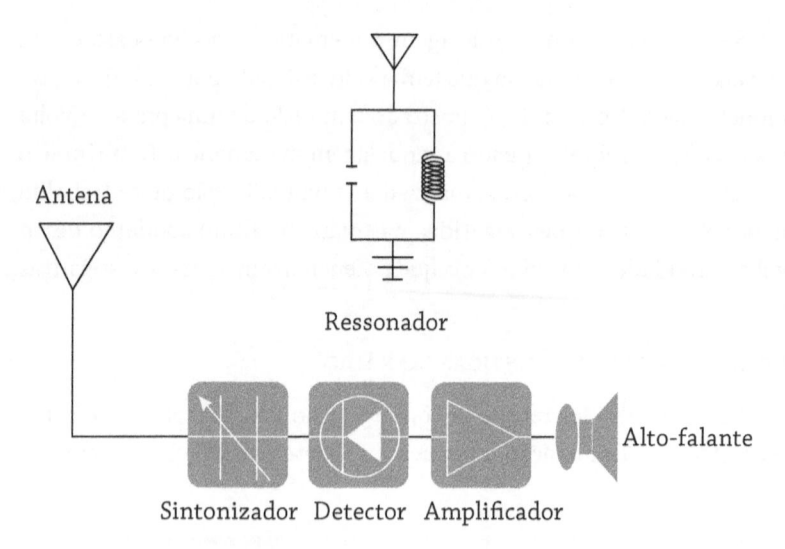

Fonte: Elaborado com base em TV Escola, 2017a, p. 4.

Os aspectos relacionados à matemática como estruturante do conhecimento científico não foram explorados, pois as atividades não envolveram as habilidades técnicas nem as estruturantes. Isso ocorreu porque os aspectos explorados são descritivos, como a explicação do funcionamento do rádio, por meio de esquemas, simulações e experimentos. No entanto, a respeito da contextualização, o trabalho se destaca tanto em relação à contextualização histórica e sociocultural quanto à relacionada ao cotidiano dos estudantes (pela alusão aos meios de comunicação: rádios, TV, telefones etc.) e aos fenômenos físicos artificiais. Ou seja, as abordagens são contextualizadoras tanto na disciplina de Física quanto na de História que, como vimos, resgatou eventos importantes por meio de fontes históricas.

A ação conjunta das duas disciplinas em questão, na visão de Japiassu (1976), possibilitou uma ação pluridisciplinar, pois se evidenciaram relações entre elas, como na descrição da Revolução Industrial. Ou seja, sobre esse tema podemos observar tanto os aspectos relacionados às ciências e às tecnologias (com o surgimento da máquina a vapor, do emprego da eletricidade, dos motores a explosão etc.) quanto os históricos (a substituição das manufaturas – trabalho artesanal – pelo assalariado e pelo uso de máquinas), responsáveis pelo desenvolvimento desse período.

Do mesmo modo, a ação conjunta das disciplinas produz um ensino interdisciplinar, na visão de Fazenda (1994), por meio da parceria entre elas, porque, segundo a autora: "A parceria, portanto, pode constituir-se em fundamento de uma proposta interdisciplinar, se considerarmos que nenhuma forma de conhecimento é em si mesma racional" (Fazenda, 1994, p. 84-85).

A modelagem matemática, neste trabalho, não foi explorada porque a proposta não demandou qualquer modelo matemático, embora um estudo teórico da geração e da propagação das ondas eletromagnéticas necessariamente implique um modelo proposto pelas equações de Maxwell – porém, mais apropriados para cursos de graduação de Física ou áreas afins.

Que mágica é essa?*

A proposta deste trabalho foi a realização de atividades de matemática e de física para a compreensão do conceito e do funcionamento da linguagem binária. Assim, foram executadas atividades com jogos lógicos e com cartões, para desenvolver a ideia do sistema de numeração binária na disciplina de Matemática. Em relação à disciplina de Física, foram abordadas as ideias principais sobre a conversão dos sinais de tensão analógicos em fases binárias por meio do conversor AD (analógico-digital) e, por isso, foi explorada a construção de um alarme óptico composto por um circuito eletrônico montado em uma placa microcontroladora Arduino, dispositivos eletrônicos e um computador.

A contextualização do trabalho ocorreu pela relação entre o conteúdo aplicado e o dia a dia dos estudantes, evidenciada na construção de um sensor óptico – dispositivo comum em locais comerciais e em repartições públicas e privadas. Sobre a matemática como estruturante do conhecimento científico, o trabalho mostrou a necessidade do uso da habilidade estruturante da matemática – nesse caso, representada pela linguagem binária – para possibilitar a interação física entre o ambiente e o computador e também da habilidade técnica, para a transformação dos sinais analógicos em sinais binários digitais.

A modelagem matemática pôde ser notada por meio do modelo binário de representação numérica; no entanto, ela não foi relacionada à ideia de modelo na representação do sistema binário.

---

* Elaborado com base em TV Escola, 2017d.

ATIVIDADE DE ALUNOS DO 9º ANO COM TAREFAS DE MODELAÇÃO NO ESTUDO DE FUNÇÕES*

Este trabalho relata e discute as dificuldades e os resultados das atividades de modelagem matemática no estudo de funções por alunos do 9º ano do ensino fundamental. As atividades propostas foram realizadas com o uso de calculadoras gráficas e de sensores de medidas manipulados pelos estudantes. Os dados foram coletados por meio da gravação de aulas, da análise da produção dos alunos e das respostas de um questionário.

Foram realizadas sete tarefas, envolvendo a função de proporcionalidade direta (duas tarefas), as funções de proporcionalidade inversa (três tarefas), a função quadrática e a função cúbica (uma tarefa cada). Os detalhes das tarefas são demonstrados no Quadro 4.1, a seguir.

Quadro 4.1 – Conteúdo das tarefas

TAREFAS	CONTEÚDO
A chama da vela de aniversário	Proporcionalidade direta
Pilhas em série	Proporcionalidade direta
Sob pressão	Proporcionalidade inversa
Alavanca interfixa	Proporcionalidade inversa
Matemática por um canudo	Proporcionalidade inversa
Repuxo da água	Função quadrática
Volume de uma caixa	Função cúbica

Fonte: Viseu, 2015, p. 34.

A contextualização ocorreu por meio da relação do conteúdo ensinado com o cotidiano dos estudantes por meio das atividades propostas, como "A chama da vela de aniversário", "Pilhas em série", "Sob pressão" ou "Volume de uma caixa" (Viseu, 2015). Já em relação à matemática

* Elaborado com base em Viseu, 2015.

como estruturante do conhecimento científico, percebemos a presença das habilidades estruturantes nas tarefas, seja como um modelo matemático de proporcionalidade direta ou inversa, seja como as funções quadráticas ou cúbicas. No entanto, as habilidades técnicas são pouco exploradas ou então desenvolvidas com dificuldades.

As diversas atividades do trabalho possibilitaram, ao menos entre a Matemática e a Física, uma pluridisciplinaridade (Japiassu 1976). Percebemos isso, por exemplo, nas atividades "Pilhas em série" e "Sob pressão", nas quais conceitos e grandezas da física foram investigados e associados a modelos matemáticos, e a relação entre o número de pilhas e a diferença de potencial foram analisadas. Percebemos também que as atividades geraram ações investigativas desenvolvidas pelos estudantes e que isso é uma característica das tarefas que utilizam a modelagem matemática. Ou seja, esta foi bastante presente nas atividades realizadas, proposta a partir de uma situação-problema ou de uma problematização, conforme é relatado no trabalho.

MODELAGEM MATEMÁTICA NAS RELAÇÕES ENTRE GRANDEZAS FÍSICAS*

Este trabalho é o resultado de alguns projetos desenvolvidos com estudantes do ensino médio por meio de atividades de modelagem matemática que envolviam funções linear, quadrática, racional, exponencial e logarítmica. Dentre os projetos, destacaram-se *Relações entre grandezas físicas*, *João e o pé de feijão* e *Descobrindo a presença do número π nas coisas*. Durante essas atividades, foram discutidas as relações entre as grandezas físicas nos experimentos realizados pelos estudantes com o auxílio de programas de ajuste de curvas e a utilização de modelos matemáticos para os problemas sugeridos.

O trabalho para a disciplina de Matemática contemplou também as disciplinas de Física e de Biologia e desenvolveu atividades de modelagem

---

* Elaborado com base em Gomes, 2015.

nas quais os alunos realizaram levantamentos de dados, ajustes de curvas e construção de modelos, com discussões e críticas.

Entre as diversas atividades relacionadas às disciplinas citadas, foram estudados alguns fenômenos naturais, como o movimento de um pêndulo simples (Física) e o crescimento de um pé de feijão (Biologia), baseados no modelo de funções lineares e exponenciais e em medidas para a obtenção do valor do número π e da área de um círculo.

A contextualização foi realizada de modo a relacionar os conteúdos analisados com os fenômenos naturais já citados e objetos do dia a dia obtidos pelos alunos em casa ou na própria sala de aula, para serem utilizados na resolução das tarefas propostas, como a obtenção do número π e da área de um círculo.

Em relação à matemática como estruturante do conhecimento científico, observamos a ocorrência das habilidades estruturantes por meio de dois casos: a representação gráfica e a expressão matemática do fenômeno físico relacionado ao pêndulo simples e as habilidades técnicas na elaboração do gráfico e da expressão matemática. Este aspecto também apareceu na atividade sobre o crescimento do pé de feijão, na qual foram feitos ajustes de curvas para obter o modelo matemático com base em dados empíricos.

Durante a realização dessas atividades, foi possível evidenciar uma relação de proximidade das disciplinas de Matemática, Física e Biologia, embora a atividade não seja realizada nessas disciplinas de forma conjunta.

Sobre isso, podemos destacar, ao menos, uma ação interdisciplinar entre a Biologia e a Matemática, segundo a perspectiva de Jantsch e Bianchetti (1995) e Alves Filho (2006). Ou seja, a interdisciplinaridade foi desenvolvida individualmente na disciplina de Biologia, mas com base no conhecimento interdisciplinar: o emprego de grandezas matemáticas (variação da altura do pé de feijão) e biológicas, físicas e químicas (os fatores físicos e biológicos que interferem no crescimento do feijão). Dessa forma, os alunos puderam analisar o tamanho do pé de feijão em função de vários momentos, nos quais o conjunto de fatores biológicos, físicos e químicos possibilitou o crescimento da planta.

Quanto à modelagem matemática, ficou claro seu uso e a dedução de modelos matemáticos para a representação dos fenômenos estudados. Contudo, a modelagem, segundo a autora do trabalho, não foi desenvolvida com base em problemas ou problematizações, mas por meio de sugestões de projetos relacionados a fenômenos do dia a dia dos estudantes (Gomes, 2015).

Modelação e simulação do enchimento de recipientes usando o Modellus*

Com o objetivo de elaborar gráficos associados a uma situação real, este trabalho propôs atividades de simulação e de modelação por meio do enchimento de recipientes com formatos de prisma retangular, triangular e cilíndrico e um recipiente com formato esférico, cujos modelos matemáticos foram obtidos com o uso do *software* Modellus.

O contexto retratado nessa atividade correspondeu à associação do conteúdo de ensino com os fenômenos físicos produzidos artificialmente pelo programa Modellus, também relacionados a situações cotidianas.

Em relação à matemática como estruturante do conhecimento científico, podemos perceber as habilidades estruturantes na expressão de caudal ou de vazão do líquido definida por meio da equação $Q = \dfrac{V(t)}{\Delta t}$, na qual Q é o caudal do líquido, $V(t)$ é o volume do líquido no recipiente no tempo e Δt é o intervalo de tempo necessário para colocar o líquido no recipiente.

Do mesmo modo, as habilidades técnicas podem ser observadas nas várias manipulações algébricas para a obtenção da expressão que representa o nível do líquido no recipiente durante o enchimento, baseada no modelo matemático.

---

* Elaborado com base em Soares; Catarino, 2015.

A interdisciplinaridade ocorreu, com maior destaque, segundo duas perspectivas que mencionamos no Capítulo 2, com uma maior proximidade entre a Matemática e a Física. Isso se deveu ao fato de a matemática ser estruturante para o conhecimento científico – nesse caso, o conhecimento físico. Uma perspectiva está relacionada à interdisciplinaridade proposta por Japiassu (1976), em que podemos observar uma ação axiomática comum à matemática e à física baseada em um nível hierárquico – o que poderíamos chamar, de forma despretensiosa, de *física-matemática em nível médio*.

A outra perspectiva foi observada de forma individual, ou seja, o professor realizou a interdisciplinaridade sem negar a disciplinaridade, fundamentado no conhecimento interdisciplinar, conforme Jantsch e Bianchetti (1995) e Alves Filho (2006).

Em relação à modelagem matemática, ela se destacou por ser o encaminhamento metodológico do próprio trabalho, ou seja, as atividades foram desenvolvidas mediante um modelo matemático relacionado ao problema proposto. Contudo, essas atividades não são desenvolvidas a partir de problemas ou problematizações, mas sugeridas a partir de situações que objetivam visualizar os gráficos que relacionam o nível de líquido durante o enchimento em função do tempo e segundo os formatos dados em cada situação.

O USO DA GEOMETRIA DINÂMICA EM MODELAGENS GEOMÉTRICAS: POSSIBILIDADE DE CONSTRUIR CONCEITOS NO ENSINO FUNDAMENTAL[*]

Segundo os autores do artigo que relata essa pesquisa, ela foi desenvolvida mediante uma investigação realizada com alunos da educação básica envolvendo o uso de tecnologias para o ensino da matemática por meio da modelagem geométrica. A questão norteadora foi a seguinte problemática: "Com a modelagem geométrica é possível desenvolver

---

[*] Elaborado com base em Meier; Silva, 2015.

hábitos de pensamento matemático no Ensino Fundamental?" (Meier; Silva, 2015, p. 137).

Para isso, utilizou-se um projeto metodológico contendo a engenharia didática para subsidiar a realização das atividades propostas e a análise dos resultados das aplicações das sequências didáticas. Como resultado dessa investigação, foi criado, na internet, um ambiente virtual para alocar as atividades propostas com as respectivas orientações pedagógicas. Nessa página, foram disponibilizados estudo de três modelos geométricos: porta pantográfica, janela basculante e balanço vai e vem, conforme mostra a Figura 4.3, a seguir.

Figura 4.3 – Página principal do site Geometria em Movimento

Fonte: Meier; Silva, 2015, p. 143.

O material didático exposto na internet possibilitou a identificação de padrões matemáticos e a compreensão e a construção dos modelos envolvidos nas atividades. Para isso, foram planejadas e disponibilizadas no *site* oito aulas organizadas, conforme a descrição do Quadro 4.2.

Quadro 4.2 – Quadro-resumo dos blocos de estudo disponíveis no site Geometria em Movimento

BLOCO DE ESTUDO	AULA	TAREFA	DURAÇÃO
BLOCO I Modelagem da porta pantográfica	1	Etapa I: Exploração do modelo Etapa II: Realização das atividades guiadas da "Aula 1"	2 horas
	2	Etapa II: Realização das atividades guiadas da "Aula 2"	2 horas
	3	Etapa III: Realização da atividade guiada da "Aula 3" e construção do modelo de uma porta pantográfica	2 horas
BLOCO II Modelagem da janela basculante	4	Etapa I: Exploração do modelo Etapa II: Realização das atividades guiadas da "Aula 4"	2 horas
	5	Etapa III: Construção do modelo de uma janela basculante	2 horas
BLOCO III Modelagem do balanço vai e vem	6	Etapa I: Exploração do modelo Etapa II: Realização das atividades guiadas da "Aula 6"	2 horas
	7	Etapa III: Construção do modelo de um balanço vai e vem	2 horas
BLOCO IV Modelagem livre	8	Construção do modelo geométrico do objeto escolhido	2 horas

Fonte: Meier; Silva, 2015, p. 144, grifo do original.

Nesse trabalho, a contextualização pôde ser verificada no processo de elaboração dos objetos matemáticos – como a porta pantográfica, a janela basculante e o balanço vai e vem – e ao fazer relações do conhecimento matemático com esses objetos e explorá-los por meio da modelagem matemática.

Em relação à interdisciplinaridade, as atividades possibilitaram uma perspectiva interdisciplinar, principalmente na construção do modelo matemático proposto no bloco IV, no qual a criação é livre. Desse modo, foi possível estabelecer uma interdisciplinaridade com a Física segundo as perspectivas indicadas nesta obra, por exemplo, e com outras disciplinas.

O fato de as atividades envolvendo a geometria dinâmica não mencionarem a Física, por exemplo, não possibilitou uma discussão da matemática como estruturante do conhecimento científico, mas houve o foco na utilização de um modelo matemático que, nesse caso, estava relacionada à modelagem geométrica por meio da geometria dinâmica. A modelagem geométrica é desenvolvida por meio do *software* GeoGebra, que possibilita a construção de objetos relacionados ao conhecimento matemático, principalmente à geometria.

Modelos em diferentes linguagens sobre análise de custos e lucros*

O foco desta atividade voltada para os ensinos fundamental e médio foi analisar economicamente a produção caseira de vinho com modelos de diferentes linguagens e discutir as principais dificuldades que ocorrem no processo de ensino e aprendizagem.

Para isso, os alunos realizaram pesquisas sobre os processos de fabricação e de comercialização do vinho e sobre os preços e os impostos implicados, compreendendo a realidade e os problemas inerentes a esse tipo de atividade econômica e, ao mesmo tempo, ampliando os conhecimentos sobre os objetos investigados.

Os modelos propostos contemplaram três categorias, segundo a linguagem matemática utilizada, a saber: 1) modelos específicos; 2) modelos

---

* Elaborado com base em Borges, 2010.

na forma de tabelas manuais ou eletrônicas; e 3) modelos algébricos representados por equações ou sistemas de equações.

A contextualização proposta nesse trabalho ficou evidenciada quando o conteúdo de ensino foi relacionado aos processos produtivos, como a que ocorre na produção caseira de vinho. Nesse caso, foi destacada a inserção dos alunos tanto nos aspectos financeiros quanto nos comerciais, fundamentada no planejamento dos cálculos dos custos, da viabilidade econômica e dos lucros dessa produção.

Em relação à matemática como estruturante do conhecimento científico, foi observado que, na terceira categoria, esse aspecto é mais bem evidenciado, pois são elaboradas equações e sistemas de equações para representar o modelo matemático. No entanto, os modelos matemáticos apresentados caracterizam bem a modelagem matemática e são desenvolvidos com base na problemática proposta e segundo as três categorias já mencionadas.

Quanto à interdisciplinaridade, ela ocorreu por meio da transdisciplinaridade proposta por Japiassu (1976), pois os trabalhos realizados pelos alunos correspondem a um complexo processo em que outras áreas do conhecimento são igualmente solicitadas e servem a objetivos múltiplos importantes, mas com uma coordenação e finalidades comuns, ou seja, a viabilidade econômica e comercial da produção caseira de vinho.

A UTILIZAÇÃO DA MODELAGEM MATEMÁTICA COMO
ENCAMINHAMENTO METODOLÓGICO NO ENSINO DE FÍSICA[*]

Neste caso, foram propostas atividades de modelagem matemática para a compreensão de conceitos físicos, mas foi discutida e analisada apenas a que abordava sistemas de polias do tipo talha exponencial, conforme mostra a Figura 4.4.

* Elaborado com base em Batista; Fusinato, 2015.

Figura 4.4 – Representação de uma polia fixa e uma polia móvel

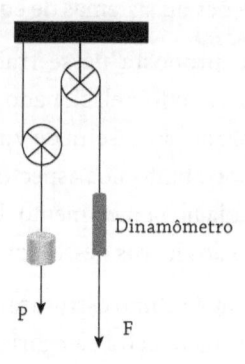

Fonte: Elaborado com base em Batista; Fusinato, 2015, p. 92.

Partindo de uma problemática, os alunos foram instigados a procurar uma solução para o problema por meio da modelagem matemática e realizar a experimentação como forma investigativa.

Nesse trabalho, a contextualização tomou corpo por meio da situação que utiliza um sistema de polias do tipo talha exponencial, o qual é bastante utilizado, por exemplo, para levantar objetos pesados, conforme mostrado na figura a seguir.

Figura 4.5– Sistema de polias

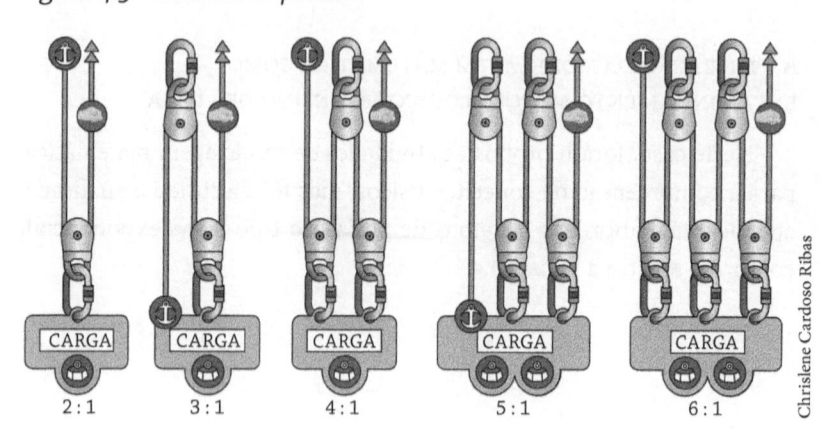

Fonte: Elaborado com base em Guia Vertical, 2017.

A matemática como estruturante do conhecimento científico foi evidenciada quando foi investigado e proposto um modelo matemático para representar o problema analisado, caracterizando, portanto, o processo de modelagem matemática. Observamos, nesse caso, que o problema é resolvido quando é encontrada a expressão matemática que prediz os valores das forças aplicadas e as respectivas confirmações por meio da experimentação. Assim, a matemática como estruturante do conhecimento científico torna os momentos interdisciplinares também presentes, nos quais os aspectos físico-matemáticos tornam-se claros e, portanto, a perspectiva interdisciplinar proposta por Japiassu (1976) parece ser a mais evidente.

Introdução ao pensamento algébrico por meio de relações funcionais*

Agora, analisamos uma proposta didática direcionada ao ensino introdutório de álgebra para alunos do sétimo ano do ensino fundamental por meio de situações-problema que pressupõem o uso de relações funcionais com a utilização da modelagem matemática. Esta é realizada com apoio das "máquinas algébricas" (Figura 4.6), as quais proporcionam o envolvimento dos alunos com a linguagem algébrica mediante situações que implicam desde operações de natureza aritmética até o desenvolvimento de raciocínios algébricos.

* Elaborado com base em Kern; Gravina, 2012.

Figura 4.6 – Interface do objeto "árvores algébricas"

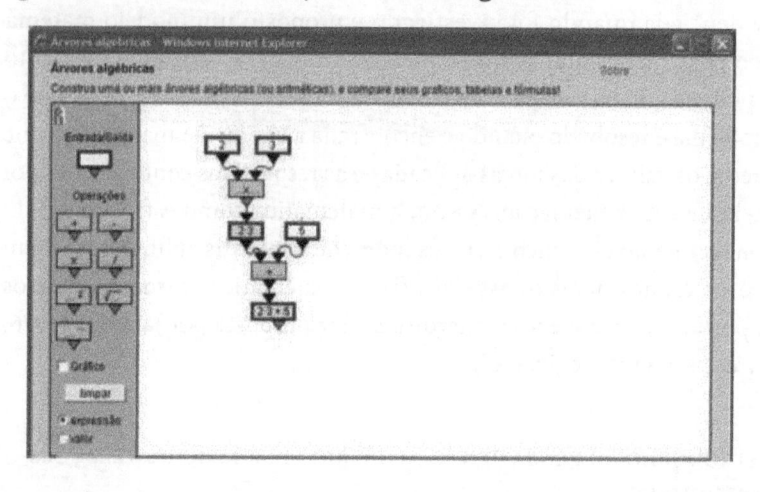

Fonte: Kern, 2008, citado por Kern; Gravina, 2012, p. 57.

A máquina algébrica tem a forma apresentada na Figura 4.9, cuja região cinza corresponde à área de trabalho na qual estão localizadas as caixas brancas e laranjas. As caixas brancas representam as entradas e as saídas de dados a serem utilizados nas operações de adição, subtração, multiplicação, divisão e potenciação, realizadas pelas caixas laranjas. A operacionalização dessas caixas ocorre por meio de setas que unem as caixas conforme a ordem das operações a ser realizada, como mostra a Figura 4.7.

Figura 4.7 – Opções de tabela e de gráfico

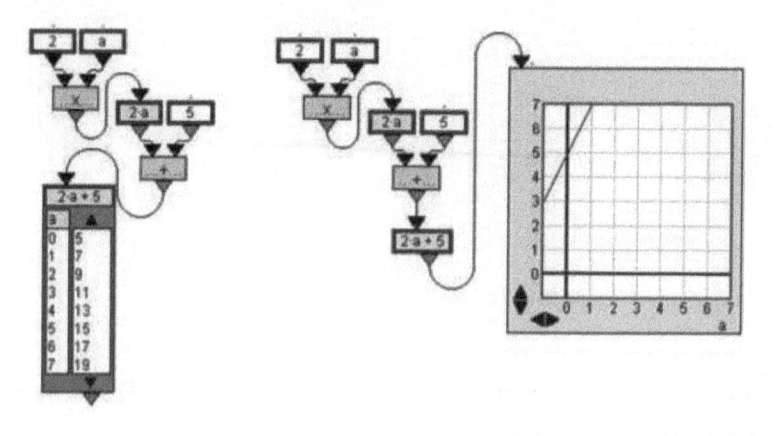

Fonte: Kern, 2008, citado por Kern; Gravina, 2012, p. 58.

Para a utilização da máquina algébrica, foi proposta uma atividade de modelagem matemática baseada em uma experiência prática, na qual os alunos fizeram medições, coletaram informações, construíram tabelas e gráficos, formularam hipóteses, responderam a questionamentos e representaram a modelagem do problema proposto de diferentes formas.

As atividades estimularam o desenvolvimento do pensamento matemático por meio do uso da linguagem algébrica. Isso caracteriza a matemática como estruturante do conhecimento. Nesse caso, o pensamento algébrico foi desenvolvido com base na aritmética, evoluindo para a linguagem algébrica por meio do raciocínio algébrico, conforme é ilustrado na figura a seguir.

Figura 4.8 – Máquina algébrica da atividade parque de diversões

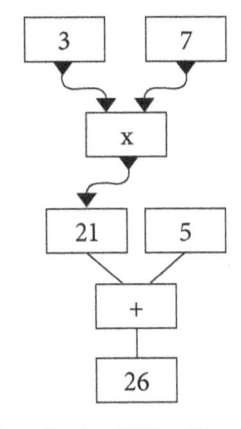

Fonte: Kern, 2008, citado por Kern; Gravina, 2012, p. 61.

A contextualização, nesse caso, é realizada mediante alguma situação do cotidiano do aluno, e os problemas são propostos baseando-se em situações-problemas.

Foi o caso do problema do *Parque Arco-Íris* (Kern; Gravina, 2012, p. 61): "Um parque de diversões cobra R$ 5,00 pelo ingresso e R$ 3,00 por brinquedo. Quanto gastará Carla se andar em sete brinquedos? E se andar em 12? Se Vitor gastou R$ 56,00, em quantos brinquedos ele andou? E se Daniela tinha R$ 40,00, em quantos brinquedos ela poderia andar?"

Outro exemplo é o do problema apresentado a seguir.

A experiência da medição do nível de água na garrafa, com bolinhas foi realizada com os recipientes abaixo. Os dados foram registrados em três tabelas diferentes, uma para cada recipiente.

	Tabela 1		Tabela 2		Tabela 3	
	Bolinhas	cm	Bolinhas	cm	Bolinhas	cm
A B C	30	3	30	2	12	1
	60	6	60	4	36	3
	90	9	90	6	60	5

Qual a tabela correspondente a cada recipiente?

Faça o gráfico correspondente a cada recipiente.

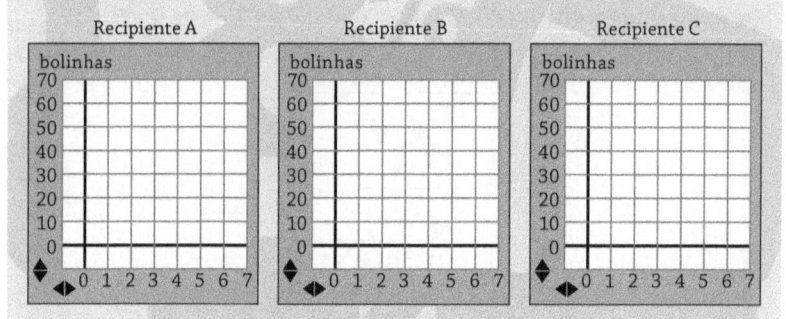

Recipiente A   Recipiente B   Recipiente C

Desenhe a máquina que, informando o quanto sobe em cm o nível de água, calcula o número de bolinhas.

Fonte: Kern, 2008, citado por Kern; Gravina, 2012, p. 71.

Com os problemas propostos, por meio de situações-problema, destacamos a modelagem matemática desenvolvida por meio de experimentações, como ocorreu na atividade experimental "Bolinhas na água". Observamos nela os instrumentos para os registros nas tabelas e posteriores representações nos gráficos usados no processo de modelagem matemática.

Matemática e física: aproximações

Síntese

Neste capítulo, fizemos uma breve retomada dos principais conceitos tratados nos capítulos anteriores para, então, apresentar as sugestões de atividades passíveis de serem aplicadas na sala de aula.

Assim, apresentamos e analisamos 14 trabalhos que envolvem tanto a Matemática quanto a Física – além de outras disciplinas –, com o objetivo de proporcionar aos professores dessas matérias situações didáticas que comprovem, na prática, as abordagens que discutimos nesta obra.

Atividades de autoavaliação

1. Considere a figura a seguir e responda às questões:

Em uma balança, foram colocados três objetos: um cubo de massa 6 kg, uma pirâmide de massa de 4 kg e uma esfera de massa desconhecida.

a) Calcule a massa da esfera.
b) Desenvolva um modelo matemático que expresse a massa da esfera em função das massas do cubo e da pirâmide.

Em relação às questões dos itens *a* e *b*, assinale a alternativa correta:

a) Para a solução do item *a*, é necessária apenas a operação de subtração; para o item *b*, a solução necessita do uso de uma equação, cuja incógnita é representada por uma letra qualquer.

b) Para o item *a*, só há solução com as operações de multiplicação e divisão; para o item *b*, é necessária a aplicação da álgebra.

c) Para o item *a*, a solução é necessariamente algébrica; para o item *b*, a solução é necessariamente aritmética.

d) Para os dois itens, *a* e *b*, as soluções são necessariamente aritméticas.

e) Para os dois itens, *a* e *b*, as soluções são necessariamente algébricas.

2. Leia o texto a seguir e responda às questões:

> Uma máquina de calcular foi programada para realizar o seguinte procedimento matemático: multiplicar o "número de entrada" por 4 e a esse resultado somar 3.

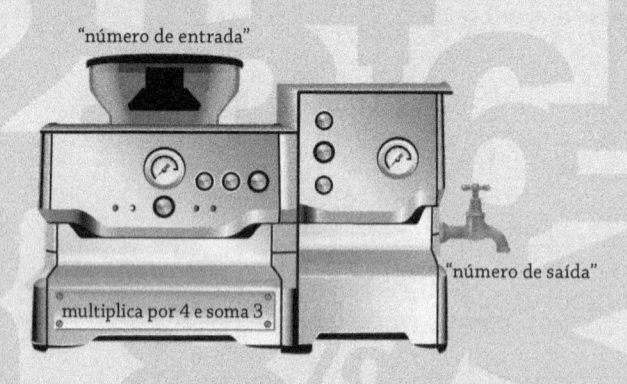

a) Considere os "números de entrada" da tabela a seguir e calcule os "números de saída" correspondentes:

Número de entrada	-2	-1	0	1	2	3	4	5
Número de saída								

b) O "número de saída", em relação ao "número de entrada", é resultado de quais operações?

c) Represente, de forma matemática, o que acontece com o "número de entrada" na máquina.

d) Represente, de forma matemática, o "número de saída" considerando x como o "número de entrada".

e) Complete a tabela a seguir:

Número de entrada				
Número de saída	−13	−9	27	31

f) Descreva quais são os procedimentos necessários para que sejam obtidos os resultados da tabela.

Em relação à "máquina" do texto e às questões dos itens *a* até *f*, assinale a alternativa correta:

a) Os procedimentos matemáticos realizados nos itens *a* e *e* são iguais.

b) Os "números de saída" da tabela do item *a* são encontrados apenas com procedimentos algébricos.

c) Os "números de entrada" da tabela do item *e* são encontrados apenas com procedimentos algébricos.

d) O que se pede no item *d* corresponde à representação algébrica do problema da máquina.

e) O que se pede no item *f* corresponde à representação algébrica do problema da máquina.

3. A figura mostrada a seguir representa as etapas da construção de um modelo matemático sobre a absorção/eliminação e concentração do anticoncepcional no organismo.

```
┌─────────────────┐     ┌──────────────────────────┐      ┌──────────────────────────────────────────────┐
│ Problema não    │     │ Problematização          │      │            Modelo Matemático                 │
│ matemático      │     │ P1: O que ocorre se      │──→   │  (A)                                         │
│ Fenômeno da     │     │ apenas um comprimido for │      │                                              │
│ absorção/elimin.│     │ ingerido?                │      │  c(t) = 40(1/2)^(1/12)   c₀ = 40+(4/3)[1-(1/4)^(8+1)]│
│ de Level        │     │ P2: Se os comprimidos    │      │                                          (B) │
└─────────────────┘     │ forem ingeridos diaria-  │      │  1 ≥ 0 e t ∈ ℝ           0 ≤ t ≤ 22          │
        │               │ mente, é possível deter- │      │                          n = 0, 1, 2, ...    │
        ↓               │ minar a concentração do  │      │                                              │
┌─────────────────┐     │ anticoncepcional no corpo│      │   [gráfico dente-de-serra]               (C) │
│ Experimentação  │←────│ depois de alguns dias?   │      │                                              │
│ meia-vida       │     │ P3: Esta concentração    │      └──────────────────────────────────────────────┘
│ -C₀ = 40 μπ     │     │ cresce indefinidamente,  │
└─────────────────┘     │ podendo causar sequelas  │
        │               │ ao organismo ou atinge   │
        ↓               │ algum limite superior?   │
┌─────────────────┐     └──────────────────────────┘
│ Identificação   │              ↑
│ variáveis       │              │
│ concentração,   │──────────────┘
│ doses, tempo    │
└─────────────────┘
        │
        ↓
┌──────────────────────────────────────────┐         ┌──────────────────────────────┐
│ Hipóteses                                │         │ Validação                    │
│ • É imediatamente absorvido na circulação│         │ R1: Level será eliminado com │
│   sanguínea;                             │         │ o tempo, segundo o modelo A. │
│ • A taxa de eliminação é proporcional à  │         │ R2: Sim, podemos determinar  │
│   sua concentração na corrente sanguínea │         │ a concentração, segundo o    │
│   (modelo unicompartimental);            │         │ modelo B.                    │
│ • O intervalo entre cada comprimido é    │         │ R3: Não, atinge um limite    │
│   sempre o mesmo;                        │         │ igual a 53,33 μπ Gráfico (C).│
│ • A concentração segue um padrão de      │         └──────────────────────────────┘
│   eliminação que depende unicamente da   │
│   meia-vida.                             │
└──────────────────────────────────────────┘
                    │
                    ↓
┌──────────────────────────────────────────────────┐
│ O modelo matemático permite fazer previsões      │
│ acerca dos possíveis níveis de concentração de   │←──
│ Level no organismo; tomar decisões a respeito    │
│ de eventual esquecimento de um comprimido;       │
│ explicar questões relativas às altas dosagens etc│
└──────────────────────────────────────────────────┘
```

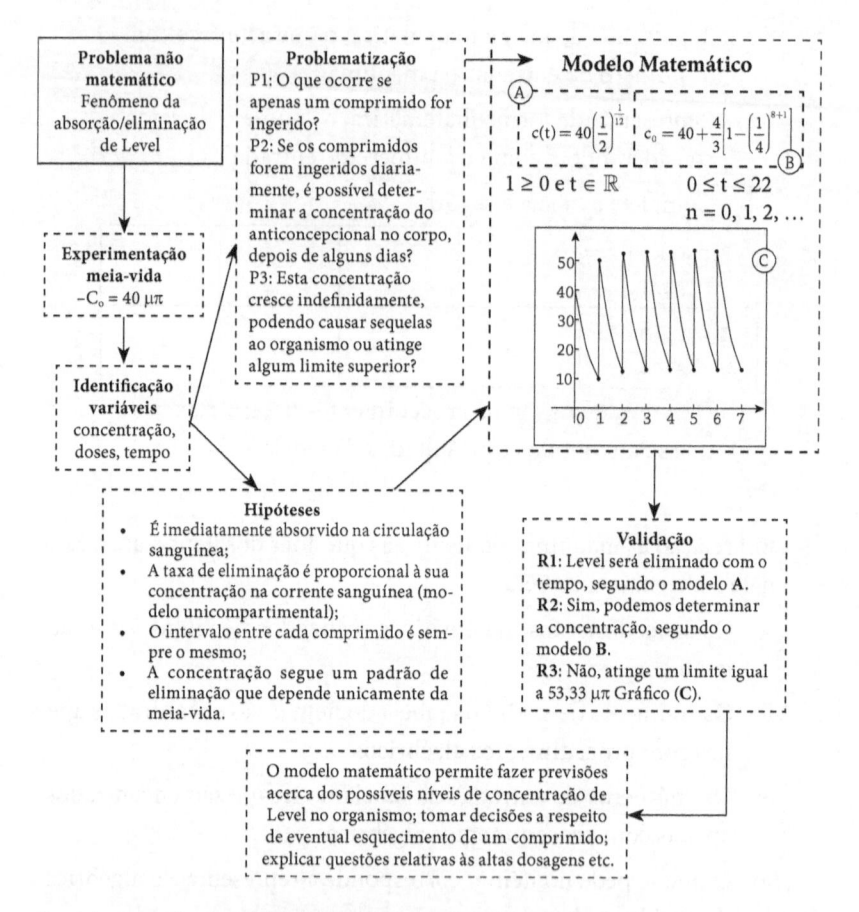

Fonte: Barreto; Garcia, 2012, p. 146, grifo do original.

Em relação à figura mostrada, marque a alternativa correta:

a) A figura mostrada representa um problema exclusivamente matemático.

b) Na figura mostrada, a contextualização relaciona o conteúdo de ensino aos processos produtivos.

c) Na figura mostrada, não está presente a etapa da matematização.

d) A figura mostrada possibilita uma interdisciplinaridade somente entre a Matemática e a Biologia.

e) Na figura mostrada, a matemática se destaca como estruturante do conhecimento científico na forma de um modelo matemático.

4. Leia o texto a seguir:

> O interesse pela utilização da Matemática no trabalho ficou evidente na voz de F [estudante] quando ele expõe o seguinte:
>
> Professora, nós gostaríamos de colocar matemática no trabalho e queríamos ver se é possível e como. O que pretendemos é identificar a influência da alimentação das vacas leiteiras da EAFRS [Escola Agrotécnica Federal de Rio do Sul] para a manutenção da quantidade de leite no período de inverno. Será que dá pra botar matemática nisso? Temos interesse em estudar um tema da área técnica, afinal fazemos um curso de técnico em agropecuária, mas se a matemática fosse envolvida ficaria melhor, mais interessante.

Fonte: Scheller; Sant'Anna, 2012, p. 161.

Em relação a esse texto, assinale a alternativa correta:

a) O problema em questão corresponde a encontrar o tipo de alimentação para as vacas leiteiras que proporcione maior produção de leite.

b) Para o estudante – e no contexto do problema –, o objetivo da inserção da matemática é tornar o ensino mais interessante.

c) O problema em questão pode ser investigado por meio da modelagem matemática.

d) A inserção da matemática na questão objetiva apenas a operacionalização das quantidades envolvidas.

e) O problema em questão possibilita um ensino contextualizado, porém não interdisciplinar.

5. O texto a seguir trata da matemática financeira:

> as movimentações financeiras fazem parte da rotina de uma parcela considerável da população mundial, em diferentes níveis: desde pessoas atraídas por uma venda com 10% de desconto à vista ou em duas vezes **sem juros** até aquelas que desejam liquidar o saldo devedor de um financiamento após certo número de parcelas pagas, passando por aquelas que desejam organizar seu próprio plano de previdência. Não faltam exemplos em que um conhecimento sólido de Matemática Financeira é requisitado.

Fonte: Cóser Filho, 2012, p. 282, grifo do original.

Em relação a esse texto, assinale a alternativa correta:

a) Possibilita um ensino pouco contextualizado devido à aplicação de muitos cálculos.

b) Possibilita um ensino com poucas aplicações para a matemática.

c) Possibilita um ensino contextualizado ao relacionar o conteúdo de ensino ao cotidiano.

d) Possibilita um ensino contextualizado ao relacionar o conteúdo de ensino aos processos produtivos.

e) Possibilita um ensino contextualizado ao relacionar o conteúdo de ensino aos fenômenos físicos naturais.

ATIVIDADES DE APRENDIZAGEM

Questões para reflexão

1. O texto a seguir trata da contextualização no ensino de matemática

> A contextualização no cotidiano do aluno
>
> Essa forma de contextualização do conhecimento matemático é a mais difundida, sobretudo porque é a forma clássica defendida por alguns dos pesquisadores da educação matemática, notadamente representado pelo grupo de estudiosos de Recife (Terezinha Nunes, Ana Lúcia Dias Schliemann e David Carraher). Tais autores defendem que é necessário que o conhecimento escolar seja relacionado com o conhecimento da vida diária do aluno. Nesse sentido é clássico o livro "Na vida dez na escola zero".
>
> Mas de nossas experiências com o processo ensino-aprendizagem de conteúdos matemáticos escolarizados e considerando que o ensino da Matemática tem vários objetivos a serem alcançados ao longo do currículo escolar, acreditamos que não seja essa a única forma de contextualizar a Matemática.
>
> "O cotidiano está impregnado dos saberes e fazeres próprios da cultura. A todo instante, os indivíduos estão comparando, classificando, quantificando, medindo, explicando, generalizando, inferindo e, de algum modo, avaliando, usando os instrumentos materiais e intelectuais que são próprios à sua cultura." (D'Ambrósio, 2001, p. 22)
>
> O autor relata em seus livros uma série de trabalhos que dão uma ideia de como a matemática se apresenta no cotidiano das pessoas. Relata, por exemplo, os trabalhos de Maria Luisa Oliveiras com os artesãos de Granada e Espanha (Oliveiras, 1995). Os trabalhos de Terezinha Nunes e colaboradores (Carraher; Carraher; Schliemann, 1988) a respeito do que o autor considera uma etnomatemática do comércio,

bem como o que foi identificado por Tod L. Shockey sobre matemáticas sendo utilizadas nas cirurgias (Shockey, 1999). Outro trabalho significativo mostrado por D'Ambrósio é o de Paulus Gerdes sobre a matemática dos povos africanos, ao descrever os processos matemáticos utilizados na confecção de cestarias, tecidos e jogos tradicionais daquele povo (Gerdes, 1992).

Pesquisas como essas e outras, têm mostrado a importância de se considerar o cotidiano do sujeito na aquisição do conhecimento matemático. O problema é que, a partir de uma leitura equivocada, há um falso entendimento de que todo e qualquer conhecimento matemático deve ser trabalhado com base no cotidiano do aluno, levando alguns professores a acreditarem que na impossibilidade de contextualizar, então não pode ser ensinado.

Fonte: Silva; Espírito Santo, 2004, p. 4-5.

Escreva um texto expondo seu ponto de vista sobre a contextualização no cotidiano do aluno, concordando ou discordando da afirmação contida no último parágrafo. Ao argumentar sobre a questão, também cite exemplos ou contraexemplos sobre esse tipo de contextualização.

2. Leia o texto a seguir:

> Miguel (1993) mostra as diversas posições, de vários autores, com relação à participação da história da matemática no processo de ensino-aprendizagem de matemática. Entre elas, está a de P. S. Jones, que elenca as vantagens que acredita que possa proporcionar ao estudante:
> Segundo ele*, uma utilização adequada da história, desde que associada a um conhecimento atualizado da matemática e de suas aplicações, poderia levar o estudante a perceber:
>
> 1) que a matemática é uma criação humana;
> 2) as razões pelas quais as pessoas fazem matemática;
> 3) as conexões existentes entre matemática e filosofia, matemática e religião, matemática e o mundo físico e matemática e Lógica;
> 4) que necessidades práticas, sociais, econômicas e físicas frequentemente servem de estímulo ao desenvolvimento de ideias matemáticas;
> 5) que a curiosidade estritamente intelectual, isto é, que aquele tipo de conhecimento que se produz tendo como base a questão "O que aconteceria se...?", pode levar à generalização e extensão de ideias e teorias;
> 6) que as percepções que os matemáticos têm do próprio objeto da matemática mudam e se desenvolvem ao longo do tempo;
> 7) a natureza e o papel desempenhado pela abstração e generalização da história do pensamento matemático;
> 8) a natureza de uma estrutura, de uma axiomatização e de uma prova. (Miguel, 1993, p. 76)

Fonte: Barbosa; Silva, 2013.

---

* P. S. Jones, em seu artigo "A história da matemática como ferramenta de ensino", de 1969.

Em sua opinião, quais são as vantagens e as desvantagens do uso da história da matemática no ensino de matemática? Escreva um texto argumentativo sobre essa questão.

Atividade aplicada: prática

1. Desenvolva uma atividade a ser aplicada em sala de aula (para a disciplina de Matemática ou de Física) que contemple uma proposta envolvendo a modelagem matemática. Após a aplicação, faça um relato descrevendo os resultados pedagógicos alcançados, considerando as contribuições que essa prática proporciona ao ensino da disciplina em questão.

Considerações finais

Por meio dos assuntos discutidos nesta obra, buscamos aprofundar as problemáticas que perpassam o ensino das disciplinas de Matemática e de Física e podem proporcionar uma aproximação entre elas na prática pedagógica docente.

Para tanto, analisamos diversos temas inerentes a essas disciplinas e a suas práticas, como a proximidade histórica e epistemológica ao longo da construção dessas áreas do conhecimento.

Também desenvolvemos um estudo analítico sobre a contextualização e a interdisciplinaridade e suas respectivas concepções presentes em documentos oficiais e em discussões inerentes às investigações realizadas por pesquisadores das áreas analisadas. Além disso, tratamos das abordagens problematizadoras e da modelagem matemática presentes no ensino das duas disciplinas. Com base na árdua tarefa de construção desse referencial teórico, buscamos, de forma organizada, uma articulação sistemática dos assuntos abordados com o ensino da Matemática e da Física nas escolas brasileiras.

Os temas comentados não só proporcionaram um aprofundamento sobre as questões apresentadas como também possibilitaram uma melhor compreensão acerca das questões de ensino relacionadas às disciplinas de Matemática e de Física, principalmente no que diz respeito ao papel da primeira no magistério da segunda.

Com base em toda essa discussão, percebemos que é factível a aproximação das duas disciplinas no campo pedagógico e, consequentemente, dos planos de ensino propostos pelos docentes dessas matérias.

Para finalizar, vimos importantes sugestões de atividades de ensino que, além de aproximarem os objetos investigados, perpassam os campos da matemática e da física e atingem outras áreas do conhecimento, como a biologia e a química.

Portanto, esperamos que, conforme anunciamos na "Apresentação" desta obra, tenhamos atingido o objetivo de mostrar como propostas de ensino pautadas em determinados conteúdos – por exemplo, a contextualização, a interdisciplinaridade, as abordagens problematizadoras e a modelagem matemática – possibilitam a aproximação entre as disciplinas de Matemática e de Física, engrandecendo-as e tornando-as mais intensas, de modo que seja possível adotar novas perspectivas de conhecimento.

Referências

ALVES, J. Energia-trabalho. **Blog de Educação e Cultura**, 3 fev. 2014. Disponível em: <http://aulasjacques.blogspot.com.br/2014/02/energia.html>. Acesso em: 23 nov. 2017.

ALVES FILHO, J. de P. Interdisciplinaridade e o ensino da física. In: ENCONTRO DE PESQUISA EM ENSINO DE FÍSICA, 10., 2006, Londrina. **Anais...** Londrina: SBF, 2006.

AULER, D.; DELIZOICOV, D. Alfabetização científico-tecnológica para quê? **Ensaio:** Pesquisa em Educação em Ciências, v. 3, n. 1, p. 1-13, jun. 2001.

AULER, D.; DELIZOICOV, D. Ciência-tecnologia-sociedade: relações estabelecidas por professores de ciências. **Revista Electrónica de Enseñanza de las Ciencias**, v. 5, n. 2, p. 1-19, 2006.

BACHELARD, G. **O racionalismo aplicado.** Rio de Janeiro: J. Zahar, 1977.

BARBOSA, J. C. Modelagem matemática: o que é? Por quê? Como? **Veritati**, n. 4, p. 73-80, 2004a. Disponível em: <http://www.educadores.diaadia.pr.gov.br/arquivos/File/2010/artigos_teses/2010/Matematica/artigo_veritati_jonei.pdf>. Acesso em: 23 nov. 2017.

BARBOSA, J. C. Modelagem matemática e os professores: a questão da formação. **Bolema**, Rio Claro, v. 14, n. 15, p. 5-23, 2001. Disponível em: <http://www.ufrgs.br/espmat/disciplinas/funcoes_modelagem/modulo_VI/pdf/Mod-Mat-formacao-professores.pdf>. Acesso em: 23 nov. 2017.

BARBOSA, J. C. Modelagem matemática na sala de aula. In: ENCONTRO NACIONAL DE EDUCAÇÃO MATEMÁTICA, 8., 2004, Recife. **Anais**... Recife: ENEM; SBEM, 2004b. p. 1-10. Disponível em: <http://www.sbem.com.br/files/viii/pdf/10/MC86136755572.pdf>. Acesso em: 23 nov. 2017.

BARBOSA, L. N. S. C.; SILVA, M. R. da. A participação da história no ensino de matemática: pontos de vista historiográfico e pedagógico. **Zetetiké**, Campinas, v. 21, n. 39, 2013. Disponível em: <https://periodicos.sbu.unicamp.br/ojs/index.php/zetetike/article/view/8646600/13502>. Acesso em: 23 nov. 2017.

BARRA, E. S. O. A realidade do mundo da ciência: um desafio para a história, a filosofia e a educação científica. **Ciência & Educação**, Bauru, v. 5, n. 1, p. 15-26, 1998. Disponível em: <http://www.scielo.br/pdf/ciedu/v5n1/a03v5n1.pdf>. Acesso em: 23 nov. 2017.

BARRETO, M. M.; GARCIA, V. C. V. Matemática e educação sexual: modelagem do fenômeno da absorção/eliminação de anticoncepcionais orais diários. In: BÚRIGO, E. Z. et al. (Org.). **A matemática na escola**: novos conteúdos, novas abordagens. Porto Alegre: Ed. da UFRGS, 2012. (Série Educação a Distância). p. 139-158.

BASSANEZI, R. C. **Ensino-aprendizagem com modelagem matemática**: uma nova estratégia. São Paulo: Contexto, 2002.

BASTOS, A. P. S. **Abordagem temática freireana e o ensino de ciências por investigação**: contribuições para o ensino de ciências/física nos anos iniciais. 203 f. Dissertação (Mestrado em Educação Científica e Formação de Professores) – Universidade Estadual do Sudoeste da Bahia, Jéquié, 2013. Disponível em: <http://www2.uesb.br/ppg/ppgecfp/wp-content/uploads/2017/03/ANA-PAULA-SOLINO.pdf>. Acesso em: 23 nov. 2017.

BATISTA, M. C.; FUSINATO, P. A. A utilização da modelagem matemática como encaminhamento metodológico no ensino de física. **Revista de Ensino de Ciências e Matemática**, São Paulo, v. 6, n. 2, p. 86-96, 2015. Disponível em: <http://revistapos.cruzeirodosul.edu.br/index.php/rencima/article/view/895/786>. Acesso em: 23 nov. 2017.

BIEMBENGUT, M. S.; HEIN, N. **Modelagem matemática no ensino**. São Paulo: Contexto, 2009.

BONADIMAN, A. Álgebra no ensino fundamental: produzindo significados para as operações básicas com expressões algébricas. In: BÚRIGO, E. Z. et al. (Org.). **A matemática na escola**: novos conteúdos, novas abordagens. Porto Alegre: Ed. da UFRGS, 2012. (Série Educação a Distância). p. 99-118.

BORGES, P. A. P. Modelos em diferentes linguagens sobre análise de custos e lucros. **Revista de Modelagem na Educação Matemática**, v. 1, n. 1, p. 53-64, 2010. Disponível em: <http://proxy.furb.br/ojs/index.php/modelagem/article/view/1382>. Acesso em: 23 nov. 2017.

BRASIL. Lei n. 9.394, de 20 de dezembro de 1996. **Diário Oficial da União**, Poder Legislativo, Brasília, DF, 23 dez. 1996. Disponível em: <http://www.planalto.gov.br/ccivil_03/leis/L9394.htm>. Acesso em: 23 nov. 2017.

BRASIL. Ministério da Educação. Conselho Nacional de Educação. Câmara de Educação Básica. Resolução n. 2, de 30 de janeiro de 2012. **Diário Oficial da União**, Brasília, DF, 31 jan. 2012. Disponível em: <http://pactoensinomedio.mec.gov.br/images/pdf/resolucao_ceb_002_30012012.pdf>. Acesso em: 9 nov. 2017.

BRASIL. Ministério da Educação. Conselho Nacional de Educação. Câmara de Educação Básica. Resolução n. 3, de 26 de junho de 1998. **Diário Oficial da União**, Brasília, DF, 5 ago. 1998. Disponível em: <http://portal.mec.gov.br/cne/arquivos/pdf/rceb03_98.pdf>. Acesso em: 23 nov. 2017.

BRASIL. Ministério da Educação. Secretaria de Educação Básica. **Ciências da natureza, matemática e suas tecnologias**. Brasília: MEC; SEB, 2006a. (Orientações Curriculares para o Ensino Médio, v. 2). Disponível em: <http://portal.mec.gov.br/seb/arquivos/pdf/book_volume_02_internet.pdf>. Acesso em: 23 nov. 2017.

BRASIL. Ministério da Educação. Secretaria de Educação Básica. **Ciências humanas e suas tecnologias**. Brasília: MEC; SEB, 2006b. (Orientações Curriculares para o Ensino Médio, v. 3). Disponível em: <http://portal.mec.gov.br/seb/arquivos/pdf/book_volume_03_internet.pdf>. Acesso em: 23 nov. 2017.

BRASIL. Ministério da Educação. Secretaria de Educação Básica. **Linguagens, códigos e suas tecnologias**. Brasília: MEC; SEB, 2006c. Orientações Curriculares para o Ensino Médio, v. 1). Disponível em: <http://portal.mec.gov.br/seb/arquivos/pdf/book_volume_01_internet.pdf>. Acesso em: 23 nov. 2017.

BRASIL. Ministério da Educação. Secretaria de Educação Básica. **PCN+ Ensino médio**: Orientações Educacionais Complementares aos Parâmetros Curriculares Nacionais – ciências humanas e suas tecnologias. Brasília: MEC; SEB, 2002a. Disponível em: <http://portal.mec.gov.br/seb/arquivos/pdf/CienciasHumanas.pdf>. Acesso em: 9 nov. 2017.

BRASIL. Ministério da Educação. Secretaria de Educação Básica. **PCN+ Ensino médio**: Orientações Educacionais Complementares aos Parâmetros Curriculares Nacionais – ciências da natureza, matemática e suas tecnologias. Brasília: MEC; SEB, 2002b. Disponível em: <http://portal.mec.gov.br/seb/arquivos/pdf/CienciasNatureza.pdf>. Acesso em: 9 nov. 2017.

BRASIL. Ministério da Educação. Secretaria de Educação Básica. **PCN+ Ensino médio**: Orientações Educacionais Complementares aos Parâmetros Curriculares Nacionais – linguagens, códigos e suas tecnologias. Brasília: MEC; SEB, 2002c. Disponível em: <http://portal.mec.gov.br/seb/arquivos/pdf/linguagens02.pdf>. Acesso em: 9 nov. 2017.

BRASIL. Ministério da Educação. Secretaria de Educação Fundamental. **Parâmetros Curriculares Nacionais**: ciências naturais. Brasília: MEC; SEF, 1997a.

BRASIL. Ministério da Educação. Secretaria de Educação Fundamental. **Parâmetros Curriculares Nacionais**: matemática. Brasília: MEC; SEF, 1997b.

BRASIL. Ministério da Educação. Secretaria de Educação Média e Tecnológica. **Parâmetros Curriculares Nacionais**: ensino médio. Brasília: MEC, 2000. Parte I: Bases Legais. Disponível em: <http://portal.mec.gov.br/seb/arquivos/pdf/blegais.pdf>. Acesso em: 9 nov. 2017.

BUNGE, M. **Teoria e realidade**. São Paulo: Perspectiva, 1974.

BUTELER, L.; COLEONI, E. El conocimiento físico intuitivo, la resolución de problemas em física y el lugar de las ecuaciones matemáticas. **Investigações em Ensino de Ciências**, Porto Alegre, v. 17, n. 2, p. 435-452, ago. 2012. Disponível em: <https://www.if.ufrgs.br/cref/ojs/index.php/ienci/article/view/197/132>. Acesso em: 27 nov. 2017.

CAMPOS, L. da S.; ARAÚJO, M. S. T. de. Articulação entre o ensino de matemática e de física: uma aproximação entre a modelagem matemática e as atividades experimentais. In: ENCONTRO NACIONAL DE PESQUISA EM EDUCAÇÃO EM CIÊNCIAS, 8., 2011, Campinas. **Anais**... Rio de Janeiro: Abrapec, 2011. Disponível em: <http://abrapecnet.org.br/atas_enpec/viiienpec/resumos/R0013-1.pdf>. Acesso em: 13 nov. 2017.

CARLOS, J. G. **Interdisciplinaridade no ensino médio**: desafios e potencialidades. 171 f. Dissertação (Mestrado em Ensino de Ciências) – Universidade de Brasília, Brasília, 2007. Disponível em: <http://repositorio.unb.br/bitstream/10482/2961/1/2007_JairoGoncalvesCarlos.pdf>. Acesso em: 27 nov. 2017.

CARVALHO, G. Q. O uso de jogos na resolução de problemas de contagem: um estudo de caso em uma turma de oitavo ano. In: BÚRIGO, E. Z. et al. (Org.). **A matemática na escola**: novos conteúdos, novas abordagens. Porto Alegre: Ed. da UFRGS, 2012. p. 75-98. (Série Educação a Distância).

CÓSER FILHO, M. S. Aprendizagem de matemática financeira no ensino médio: uma proposta de trabalho a partir de planilhas eletrônicas. In: BÚRIGO, E. Z. et al. (Org.). **A matemática na escola**: novos conteúdos, novas abordagens. Porto Alegre: Ed. da UFRGS, 2012. p. 281-300. (Série Educação a Distância).

D'AMBRÓSIO, U. **Educação matemática**: da teoria à prática. 14. ed. Campinas: Papirus, 2007. (Coleção Perspectiva em Educação Matemática).

D'AMBRÓSIO, U. **Etnomatemática**: elo entre as tradições e a modernidade. Belo Horizonte: Autêntica, 2001.

D'AMBRÓSIO, U. **Transdisciplinaridade**. São Paulo: Palas Athena, 2012.

DANTE, L. R. **Criatividade e resolução de problemas na prática educativa matemática**. 192 f. Tese (Livre Docência) – Universidade Estadual Paulista, Rio Claro, SP, 1988.

DELIZOICOV, D. La educación en ciencias y la perspectiva de Paulo Freire. **Alexandria**: Revista de Educação em Ciência e Tecnologia, v. 1, n. 2, p. 37-62, jul. 2008. Disponível em: <https://periodicos.ufsc.br/index.php/alexandria/article/view/37486>. Acesso em: 10 nov. 2017.

DELIZOICOV, D. Problemas e problematizações. In: PIETROCOLA, M. (Org.). **Ensino de física**: conteúdo, metodologia e epistemologia em uma concepção integradora. 2. ed. Florianópolis: Ed. da UFSC, 2001. p. 125-150.

DELIZOICOV, D.; ANGOTTI, J. A.; PERNAMBUCO, M. M. **Ensino de ciências**: fundamentos e métodos. 4. ed. São Paulo: Cortez, 2002.

DEMO, P. **Educação & conhecimento**: relação necessária, insuficiente e controversa. Petrópolis: Vozes, 2001.

DEMO, P. **Educar pela pesquisa**. Campinas: Autores Associados, 1996.

DEMO, P. **Pesquisa**: princípio científico e educativo. São Paulo: Cortez, 2006.

ETGES, N. J. Ciência, interdisciplinaridade e educação. In: JANTSCH, A.; BIANCHETTI, L. (Org.). **Interdisciplinaridade**: para além da filosofia do sujeito. Petrópolis: Vozes, 1995. p. 51-84.

ETGES, N. J. Produção do conhecimento e interdisciplinaridade. **Educação e Realidade**, Porto Alegre, v. 18, n. 2, p. 73-82, jul./dez. 1993.

FAZENDA, I. C. A. **Dicionário em construção**: interdisciplinaridade. São Paulo: Cortez, 2001.

FAZENDA, I. C. A. **Didática e interdisciplinaridade**. Campinas: Papirus, 1998.

FAZENDA, I. C. A. **Didática e interdisciplinaridade**. 9. ed. Campinas: Papirus, 2005.

FAZENDA, I. C. A. **Integração e interdisciplinaridade no ensino brasileiro**: efetividade ou ideologia? São Paulo: Loyola, 1979. (Realidade Educacional, v. 4).

FAZENDA, I. C. A. **Integração e interdisciplinaridade no ensino brasileiro**: efetividade ou ideologia? 5. ed. São Paulo: Loyola, 2002. (Realidade Educacional, v. 4).

FAZENDA, I. C. A. **Interdisciplinaridade**: história, teoria e pesquisa. 4. ed. Campinas: Papirus, 1994. (Coleção Magistério: Formação e Trabalho Pedagógico).

FAZENDA, I. C. A. **Interdisciplinaridade**: história, teoria e pesquisa. 11. ed. Campinas: Papirus, 2003a. (Coleção Magistério: Formação e Trabalho Pedagógico).

FAZENDA, I. C. A. **Interdisciplinaridade**: história, teoria e pesquisa. 15. ed. Campinas: Papirus, 2008. (Coleção Magistério: Formação e Trabalho Pedagógico).

FAZENDA, I. C. A. **Interdisciplinaridade**: qual o sentido? São Paulo: Paulus, 2003b.

FAZENDA, I. C. A. **Interdisciplinaridade**: um projeto em parceria. São Paulo: Loyola, 1993.

FAZENDA, I. C. A. (Org.). **A academia vai à escola**. Campinas: Papirus, 1995.

FAZENDA, I. C. A. **Práticas interdisciplinares na escola**. São Paulo: Cortez, 1991.

FOUREZ, G. **Alfabetización científica y tecnológica**: acerca de las finalidades de la enseñanza de las ciencias. Buenos Aires: Colihue, 1994.

FREIRE, P. **Pedagogia do oprimido**. Rio de Janeiro: Paz e Terra, 1987.

FRIGOTTO, G. A interdisciplinaridade como necessidade e como problema nas ciências sociais. In: JANTSCH, A.; BIANCHETTI, L. (Org.). **Interdisciplinaridade**: para além da filosofia do sujeito. Petrópolis: Vozes, 1995. p. 25-49.

GADOTTI, M. **Interdisciplinaridade**: atitude e método. São Paulo, 2004. Disponível em: <http://docplayer.com.br/12565052-Interdisciplinaridade-atitude-e-metodo.html>. Acesso em: 3 ago. 2017.

GIOVANNI, J. R. **Matemática**: pensar & descobrir – 6º ano. São Paulo: FTD, 2002.

GOMES, V. M. S. **Oficina 12**: modelagem matemática nas relações entre grandezas físicas. São Paulo: Caem, 2015. Disponível em: <https://www.ime.usp.br/caem/anais_mostra_2015/arquivos_auxiliares/oficinas/Oficina12_Vivili.pdf>. Acesso em: 14 nov. 2017.

GUIA VERTICAL. **Sistemas de polias.** Disponível em: <http://www.construcaodetirolesa.com.br/esporte/tecnicas/1/sistemas-de-polias..html>. Acesso em: 14 nov. 2017.

HUDSON, H. T.; LIBERMAN, D. The Combined Effect of Mathematics Skills and Formal Operational Reasoning on Student Performance in the General Physics Course. **American Journal of Physics**, v. 50, n. 12, p. 1117-1119, Dec. 1982.

HUDSON, H. T.; MCINTIRE, W. R. Correlation between Mathematical Skills and Success in Physics. **American Journal of Physics**, v. 45, n. 5, p. 470-471, May 1977.

HUNSCHE, S. **Professor fazedor de currículos**: desafios no estágio curricular supervisionado em ensino de física. Dissertação (Mestrado em Educação) – Universidade Federal de Santa Maria, Santa Maria, 2010.

JANTSCH, A.; BIANCHETTI, L. (Org.). **Interdisciplinaridade**: para além da filosofia do sujeito. Petrópolis: Vozes, 1995.

JANTSCH, E. Vers l'interdisciplinarité et la transdisciplinarité dans l'enseignement et l'innovation. In: APOSTEL, I. et al. (Org.). **L'interdisciplinarité, problème d'enseignement et de recherche**. Paris: OCDE, 1972. p. 98-125.

JAPIASSU, H. **Interdisciplinaridade e patologia do saber**. Rio de Janeiro: Imago, 1976. (Série Logoteca).

KARAM, R. A. S. Matemática como estruturante e física como motivação: uma análise de concepções sobre as relações entre matemática e física. In: ENCONTRO NACIONAL DE PESQUISA EM EDUCAÇÃO EM CIÊNCIAS, 6., 2007, Florianópolis. **Anais**... Rio de Janeiro: Abrapec, 2007. Disponível em: <http://www.nupic.fe.usp.br/Publicacoes/congressos/artigo_Ricardo_Avelar_MATEMATICA_COMO_ESTRUTURANTE.pdf>. Acesso em: 27 nov. 2017.

KARAM, R. A. S.; PIETROCOLA, M. Discussão das relações entre matemática e física no ensino de relatividade restrita: um estudo de caso. In: ENCONTRO NACIONAL DE PESQUISA EM EDUCAÇÃO EM CIÊNCIAS, 7., 2009, Florianópolis. **Anais**... Rio de Janeiro: Abrapec 2009a. Disponível em: <http://posgrad.fae.ufmg.br/posgrad/viienpec/pdfs/1529.pdf>. Acesso em: 9 nov. 2017.

KARAM, R. A. S.; PIETROCOLA, M. Habilidades técnicas versus habilidades estruturantes: resolução de problemas e o papel da matemática como estruturante do pensamento físico. **Alexandria:** Revista de Educação em Ciência e Tecnologia, v. 2, n. 2, p. 181-205, jul. 2009b. Disponível em: <https://periodicos.ufsc.br/index.php/alexandria/article/view/37960/28988>. Acesso em: 27 nov. 2017.

KERN, N. B.; GRAVINA, M. A. Introdução ao pensamento algébrico por meio de relações funcionais. In: BÚRIGO, E. Z. et al. (Org.). **A matemática na escola:** novos conteúdos, novas abordagens. Porto Alegre: Ed. da UFRGS, 2012. (Série Educação a Distância). p. 53-74.

LENOIR, Y. Didática e interdisciplinaridade: uma complementaridade necessária e incontornável. In: FAZENDA, I. C. A. (Org.). **Didática e interdisciplinaridade.** Campinas: Papirus, 1998. p. 45-76.

LENOIR, Y.; HASNI, A. La interdisciplinaridad: por un matrimonio abierto de la razón, de la mano y del corazón. **Revista Ibero-Americana de Educación,** n. 35, 2004.

LINDEMANN, R. H. **Ensino de química em escolas do campo com proposta agroecológica:** contribuições a partir da perspectiva freireana de educação. 339 f. Tese (Doutorado em Educação Científica e Tecnológica) – Universidade Federal de Santa Catarina, Florianópolis, 2010.

LOPES, A. C. **Conhecimento escolar:** ciência e cotidiano. Rio de Janeiro: Ed. da Uerj, 1999.

LOPES, A. C. **Currículo e epistemologia.** Rio Grande do Sul: Ed. da Unijuí, 2007.

LOPES, A. C. Os Parâmetros Curriculares Nacionais para o ensino médio e a submissão ao mundo produtivo: o caso do conceito de contextualização. **Revista Educação e Sociedade,** Campinas, v. 23, n. 80, p. 386-400, set. 2002.

LOPES, A. C.; GOMES, M. M.; LIMA, I. dos S. Diferentes contextos na área de ciências nos PCNs para o ensino médio: limites para a integração. **Contexto & Educação,** Ijuí, v. 18, n. 69, p. 45-67, jan./jun. 2003.

LOPES, A. C.; MACEDO, E. F. (Org.). **Disciplinas e integração curricular:** história e políticas. Rio de Janeiro: DP&A, 2002.

MACEDO, C. C. de; SILVA, L. F. Contextualização e visões de ciência e tecnologia nos livros didáticos de física aprovados pelo PNLEM. **Alexandria**: Revista de Educação em Ciência e Tecnologia, v. 3, n. 3, p. 1-23, nov. 2010. Disponível em: <https://periodicos.ufsc.br/index.php/alexandria/article/view/38103>. Acesso em: 10 nov. 2017.

MACEDO, C. C. de; SILVA, L. F. Os processos de contextualização e a formação inicial de professores de física. **Investigações em Ensino de Ciências**, Porto Alegre, v. 19, n. 1, p. 55-75, mar. 2014. Disponível em: <https://www.if.ufrgs.br/cref/ojs/index.php/ienci/article/view/95/66>. Acesso em: 28 nov. 2017.

MACHADO, N. J. Interdisciplinaridade e contextuação. In: BRASIL. Ministério da Educação. Instituto Nacional de Estudos e Pesquisas Educacionais Anísio Teixeira. **Exame Nacional do Ensino Médio (ENEM)**: fundamentação teórico-metodológica. Brasília, 2005. p. 41-53.

MACHADO, N. J. Interdisciplinaridade e matemática. **Proposições**, v. 4, n. 1, p. 24-34, 1993.

MARTINS, R. de A. Introdução: a história das ciências e seus usos na educação. In: SILVA, C. C. (Org.). **Estudos de história e filosofia das ciências**: subsídios para aplicação no ensino. São Paulo: Livraria da Física, 2006. p. 17-30.

MATTHEWS, M. R. História, filosofia e ensino de ciências: a tendência atual de reaproximação. **Caderno Catarinense de Ensino de Física**, Santa Catarina, v. 12, n. 3, p. 164-214, dez. 1995. Disponível em: <https://periodicos.ufsc.br/index.php/fisica/article/view/7084/6555>. Acesso em: 10 nov. 2017.

MEGID NETO, J.; LOPES, B. B. G. Livros didáticos de física e as inovações da pesquisa em educação em ciências. Vitória, ES, 2009. Disponível em: <http://www.sbf1.sbfisica.org.br/eventos/snef/xviii/sys/resumos/T0908-1.pdf>. Acesso em: 3 ago. 2017.

MEIER, M.; SILVA, R. S. da. O uso da geometria dinâmica em modelagens geométricas: possibilidade de construir conceitos no ensino fundamental. **Revista Paranaense de Educação Matemática**, Campo Mourão, v. 4, n. 6, p. 136-156, jan./jun. 2015. Disponível em: <http://www.fecilcam.br/revista/index.php/rpem/article/viewFile/936/pdf_113>. Acesso em: 14 nov. 2017.

MORIN, E. **Educação e complexidade**: os sete saberes e outros ensaios. São Paulo: Cortez, 2005.

MOVIMENTO de partículas carregadas sob a ação de um campo magnético constante. **Dona Atraente**, 2 mar. 2013. Disponível em: <https://donaatraente. wordpress.com/enquadramento-teorico/campo-magnetico/movimento-departiculas-carregadas-sob-a-acao-de-um-campo-magnetico-constante>. Acesso em: 27 nov. 2017.

OLIVEIRA PAULA, R. C. de; MARTINS; J. E. Balança. **Portal do Professor**, Brasília, 16 set. 2008. Disponível em: <http://portaldoprofessor.mec.gov.br/fichaTecnicaAula.html?aula=458>. Acesso em: 27 nov. 2017.

PERNAMBUCO, M. M. C. Quando a troca se estabelece: a relação dialógica. In: PONTUSCHKA, N. (Org.). **Ousadia no diálogo**: interdisciplinaridade na escola pública. São Paulo: Loyola, 1993. p. 19-36.

PIETROCOLA, M. A matemática como estruturante do conhecimento físico. **Caderno Catarinense de Ensino da Física**, v. 19, n. 1, p. 89-109, ago. 2002. Disponível em: <https://periodicos.ufsc.br/index.php/fisica/article/view/9297/8588>. Acesso em: 27 nov. 2017.

PIETROCOLA, M. Linguagem e estruturação do pensamento na ciência e no ensino de ciências. In: PIETROCOLA, M. (Org.). **Filosofia, Ciência e História**: uma homenagem aos 40 anos de colaboração de Michel Paty com o Brasil. São Paulo: Discurso Editorial, 2005. p. 467-485.

PIETROCOLA, M. Mathematics as Structural Language of Physical Thought. In: VICENTINI, M.; SASSI, E. (Org.). **Connecting Research in Physics Education with Teacher Education**. New Delhi: ICPE, 2008. v. 2.

POINCARÉ, H. **O valor da ciência**. Tradução de Maria Helena Franco Martins. Rio de Janeiro: Contraponto, 1995.

POLYA, G. **A arte de resolver problemas**: um novo enfoque do método matemático. Rio de Janeiro: Interciência, 1994.

POMBO, O. Epistemologia da interdisciplinaridade. In: SEMINÁRIO INTERNACIONAL INTERDISCIPLINARIDADE, HUMANISMO, UNIVERSIDADE, 2003, Porto. **Anais**... Porto: Universidade do Porto, 2013. Disponível em: <http://www.feevale.br/Comum/midias/824b083b-0246-4cfc-a6ff-4cacd4d46bb1/epistemologia_interdidciplinaridade.pdf>. Acesso em: 10 nov. 2017.

REDISH, E. F. **Problem Solving and the Use of Math in Physics Courses.** New Delhi, 2005. Palestra. Disponível em: <http://www.physics.umd.edu/perg/papers/redish/IndiaMath.pdf>. Acesso em: 3 ago. 2017.

RICARDO, E. C. **Competências, interdisciplinaridade e contextualização**: dos parâmetros curriculares a uma compreensão para o ensino das ciências. 249 f. Tese (Doutorado em Educação Científica e Tecnológica) – Universidade Federal de Santa Catarina, Florianópolis, 2005a.

RICARDO, E. C. Os parâmetros curriculares na formação inicial dos professores das ciências do ensino médio. In: ENCONTRO NACIONAL DE PESQUISA EM EDUCAÇÃO EM CIÊNCIAS, 5., 2005, Bauru. **Anais**... Bauru, SP: Enpec, 2005b

RICARDO, E. C.; ZYLBERSZTAJN, A. O ensino de ciências no nível médio: um estudo sobre as dificuldades na implementação dos parâmetros curriculares nacionais. **Caderno Brasileiro de Ensino de Física**, Florianópolis, v. 19, n. 3, p. 351-370, dez. 2002.

RICARDO, E. C.; ZYLBERSZTAJN, A. Os Parâmetros Curriculares Nacionais na formação inicial dos professores das ciências da natureza e matemática do ensino médio. **Investigações em Ensino de Ciências**, Porto Alegre, v. 12, n. 3, p. 339-355, 2007.

RUSSELL, B. **Misticismo e lógica e outros ensaios**. Rio de Janeiro: J. Zahar. 1977.

SANTAROSA, M. C. P. Os lugares da matemática na física e suas dificuldades contextuais: implicações para um sistema de ensino integrado. **Investigações em Ensino de Ciências**, Porto Alegre, v. 18, n. 1, p. 215-235, mar. 2013. Disponível em: <https://www.if.ufrgs.br/cref/ojs/index.php/ienci/article/view/170/114>. Acesso em: 27 nov. 2017.

SANTAROSA, M. C. P.; MOREIRA, M. A. O cálculo nas aulas de física da UFRGS: um estudo exploratório. **Investigações em Ensino de Ciências**, Porto Alegre, v. 16, n. 2, p. 317-351, ago. 2011. Disponível em: <https://www.if.ufrgs.br/cref/ojs/index.php/ienci/article/view/232>. Acesso em: 27 nov. 2017.

SANTOMÉ, J. T. **Globalização e interdisciplinaridade**: o currículo integrado. Porto Alegre: Artmed, 1998.

SANTOS, R. de S.; BASSO, M. V. de A. Tecnologias digitais na sala de aula para aprendizagem de conceitos de geometria analítica: manipulações no software GrafEq. In: BÚRIGO, E. Z. et al. (Org.). **A matemática na escola:** novos conteúdos, novas abordagens. Porto Alegre: Ed. da UFRGS, 2012. p. 177-196. (Série Educação a Distância).

SANTOS, W. L. P. dos. Contextualização no ensino de ciências por meio de temas CTS em uma perspectiva crítica. **Revista Ciência & Ensino**, v. 1, nov. 2007.

SANTOS, W. L. P. dos. Educação científica humanística em uma perspectiva freireana: resgatando a função do ensino de CTS. **Alexandria: Revista de Educação em Cciência e Tecnologia**, v. 1, n. 1, p. 109-131, mar. 2008. Disponível em: <https://periodicos.ufsc.br/index.php/alexandria/article/view/37426/28747>. Acesso em: 10 nov. 2017.

SANTOS, W. L. P. dos; MORTIMER, E. F. Abordagem de aspectos sociocientíficos em aulas de ciências: possibilidades e limitações. **Investigações em Ensino de Ciências**, Porto Alegre, v. 14, n. 2, p. 191-218, 2009. Disponível em: <https://www.if.ufrgs.br/cref/ojs/index.php/ienci/article/view/355/222>. Acesso em: 10 nov. 2017.

SANTOS, W. L. P. dos; MORTIMER, E. F. Uma análise de pressupostos teóricos da abordagem C-T-S (ciência-tecnologia-sociedade) no contexto da educação brasileira. **Ensaio Pesquisa em Educação em Ciências**, Belo Horizonte, v. 2, n. 2, p. 133-162, jul./dez. 2000. Disponível em: <http://www.scielo.br/pdf/epec/v2n2/1983-2117-epec-2-02-00110.pdf>. Acesso em: 10 nov. 2017.

SAVIANI, D. Trabalho e educação: fundamentos ontológicos e históricos. **Revista Brasileira de Educação**, v. 12, n. 34, p. 152-180, jan./abr. 2007. Disponível em: <http://cmap.ifsc.edu.br/rid=1P03BKF7W-WX1M3V-2F8/SAVIANI-FundamentosOntologicosHistoricos.pdf>. Acesso em: 27 nov. 2017.

SCHELLER, M.; SANT'ANNA, M. de F. Modelagem matemática na iniciação científica: contribuições para o ensino médio técnico. In: BÚRIGO, E. Z. et al. (Org.). **A matemática na escola:** novos conteúdos, novas abordagens. Porto Alegre: Ed. da UFRGS, 2012. p. 159-176. (Série Educação a Distância).

SEVERINO, A. J. O conhecimento pedagógico e a interdisciplinaridade: o saber como intencionalização da prática. In: FAZENDA, I. C. A. (Org.). **Didática e interdisciplinaridade**. Campinas: Papirus, 1998. p. 31-44.

SHERIN, B. Common -Sense Clarified: the Role of Intuitive Knowledge in Physics Problem Solving. **Journal of Research in Science Teaching**, New York, v. 43, n. 6, p. 535-555, 2006. Disponível em: <https://www.sesp.northwestern.edu/docs/publications/21325062594519a12abb490.pdf>. Acesso em: 27 nov. 2017.

SHERIN, B. How Students Understand Physics Equations. **Cognition and Instruction**, v. 19, n. 4, p. 479-541, 2001. Disponível em: <https://www.sesp.northwestern.edu/docs/publications/141061094744ad835da3692.pdf>. Acesso em: 27 nov. 2017.

SILVA, F. H. S. da; ESPÍRITO SANTO, A. O. do. A contextualização: uma questão de contexto. In: ENCONTRO NACIONAL DE EDUCAÇÃO MATEMÁTICA, 8., 2004, Recife. **Anais**... Recife: Enem, 2004. Disponível em: <http://www.sbem.com.br/files/viii/pdf/07/CC08065128220.pdf>. Acesso em: 14 nov. 2017.

SILVA, H. C. **Matematização e modelagem matemática**: possíveis aproximações. Dissertação (Mestrado em Ensino de Ciências e Educação Matemática) – Universidade Estadual de Londrina, Londrina, 2013.

SILVA, L. F.; CARVALHO, L. M. de. A temática ambiental e o ensino de física na escola média: algumas possibilidades de desenvolver o tema produção de energia elétrica em larga escala em uma situação de ensino. **Revista Brasileira de Ensino de Física**, São Paulo, v. 24, n. 3, p. 342-352, set. 2002.

SILVA, M. C. da. O pêndulo de Newton: uma abordagem desafiadora para alunos de ensino médio. **Física na Escola**, v. 11, n. 1, 2010.

SILVEIRA, M. R. A. da et al. Reflexões acerca da contextualização dos conteúdos no ensino da matemática. **Currículo sem Fronteiras**, v. 14, n. 1, p. 151-172, jan./abr. 2014. Disponível em: <http://www.curriculosemfronteiras.org/vol14iss1articles/silveira-meira-feio-junior.pdf>. Acesso em: 10 nov. 2017.

SOARES, A. A.; CATARINO, P. Modelação e simulação do enchimento de recipientes usando o Modellus. **Revista de Ensino de Ciências e Matemática**, São Paulo, v. 6, n. 3, p. 38-53, 2015. Disponível em: <http://revistapos.cruzeirodosul.edu.br/index.php/rencima/article/view/987/796>. Acesso em: 29 nov. 2017.

SOARES, M. R. et al. Modelagem matemática: aplicações das funções exponenciais em um curso de tecnologia. **Experiências em Ensino de Ciências**, v. 9, n. 3, p. 59-69, dez. 2014. Disponível em: <http://if.ufmt.br/eenci/artigos/Artigo_ID254/v9_n3_a2014.pdf>. Acesso em: 29 nov. 2017.

SOUSA, P. S. de et al. Investigação temática no contexto do ensino de ciências: relações entre a abordagem temática freireana e a práxis curricular via tema gerador. **Alexandria**: Revista de Educação em Ciência e Tecnologia, v. 7, n. 2, p. 155-177, nov. 2014. Disponível em: <https://periodicos.ufsc.br/index.php/alexandria/article/view/38222/29123>. Acesso em: 10 nov. 2017.

STANIC, G. M. A.; KILPATRICK, J. Historical Perspectives on Problem Solving in the Mathematics Curriculum. In: CHARLES, R. I.; SILVER, E. A. (Ed.). **The Teaching and Assessing of Mathematical Problem Solving**. Reston, VA: NCTM; Lawrence Erlbaum, 1989. p. 1-22.

TAVARES, S. S.; BENEDITO, G. S. C.; MUENCHEN, C. Armas: segurança ou insegurança? – uma experiência com o ensino de Física. In: SIMPÓSIO NACIONAL DE ENSINO DE FÍSICA, 20., 2013, São Paulo. **Anais...** São Paulo: SNEF, 2013.

THIESEN, J. da S. A interdisciplinaridade como um movimento articulador no processo ensino-aprendizagem. **Revista Brasileira de Educação**, Rio de Janeiro, v. 13, n. 39, p. 545-554, set./dez. 2008. Disponível em: <http://www.scielo.br/scielo.php?script=sci_arttext&pid=S1413-24782008000300010>. Acesso em: 28 nov. 2017.

TORRES, J. R. **Educação ambiental crítico-transformadora e abordagem temática freireana**. 455 f. Tese (Doutorado em Educação Científica e Tecnológica) – Universidade Federal de Santa Catarina, Florianópolis, 2010.

TV ESCOLA. **As ondas eletromagnéticas do rádio**. Sinopse. Disponível em: <http://cdnbi.tvescola.org.br/resources/VMSResources/contents/document/publications/1416233394362.pdf>. Acesso em: 14 nov. 2017a.

TV ESCOLA. **De "volta" para o futuro**. Sinopse. 2017. Disponível em: <http://cdnbi.tvescola.org.br/resources/VMSResources/contents/document/publications/1416243419775.pdf>. Acesso em: 14 nov. 2017b.

TV ESCOLA. **Qual seria a prova de atletismo que determinaria o homem mais rápido do mundo?** Sinopse. Disponível em: <https://cdnbi.tvescola.org.br/resources/VMSResources/contents/document/publications/1413829291948.pdf>. Acesso em: 14 nov. 2017c.

TV ESCOLA. **Que mágica é essa?** Sinopse. Disponível em: <http://cdnbi.tvescola.org.br/resources/VMSResources/contents/document/publications/1413830695415.pdf>. Acesso em: 14 nov. 2017d.

VIANA, O. A.; BOIAGO, C. E. P. Modelagem matemática no GeoGebra: uma análise a partir dos registros de representação semiótica. **Revista de Ensino de Ciências e Matemática**, São Paulo, v. 6, n. 3, p. 23-37, 2015. Disponível em: <http://revistapos.cruzeirodosul.edu.br/index.php/rencima/article/viewFile/1047/792>. Acesso em: 14 nov. 2017.

VISEU, F. Atividade de alunos do 9.º ano com tarefas de modelação no estudo de funções. **Revemat**: Revista Eletrônica de Educação Matemática, Florianópolis, v. 10, n. 1, p. 24-51, 2015. Disponível em: <https://periodicos.ufsc.br/index.php/revemat/article/view/1981-1322.2015v10n1p24>. Acesso em: 29 nov. 2017.

Bibliografia Comentada

BASSANEZI, R. C. **Ensino-aprendizagem com modelagem matemática.** São Paulo: Contexto, 2002.

Nessa obra, Rodney Carlos Bassanezi fundamenta a modelagem matemática na condição de método investigativo e de proposta de ensino com exemplos de aplicação por meio de modelos construídos. A leitura desse livro, portanto, permite ao leitor aprofundar-se nas concepções sobre a modelagem matemática e formular propostas para serem aplicadas em programas de formação docente e de iniciação científica e em aulas de Matemática para a educação básica. Para quem pretende conhecer e mergulhar na temática da modelagem matemática, essa obra é indispensável.

FAZENDA, I. C. A. **Interdisciplinaridade**: história, teoria e pesquisa. 11. ed. Campinas: Papirus, 2003. (Coleção Magistério: Formação e Trabalho Pedagógico).

Esse livro apresenta a interdisciplinaridade por meio de uma formulação conceitual baseada nas origens desse conceito na Europa (em especial, na França e na Itália). Ivani Catarina Arantes Fazenda mostra, também, o surgimento desse conceito no cenário brasileiro nas décadas de 1980 e 1990. Portanto, é leitura recomendável para estudantes ou professores que tenham interesse pelo tema e queiram desenvolver projetos pedagógicos para mudar o contexto das aulas com uma proposta interdisciplinar.

JANTSCH, A .P.; BIANCHETTI, L. (Org.). **Interdisciplinaridade**: para além da filosofia do sujeito. 9. ed. Petrópolis: Vozes, 2011.

Nessa obra, são discutidas diversas questões relacionadas à interdisciplinaridade. O livro compõe uma coletânea, proposta pelos autores Ari Paulo Jantsch e Lucídio Bianchetti, de diversos pesquisadores experientes e renomados do campo da filosofia e da epistemologia voltados para a educação e para a interdisciplinaridade. Trata-se, portanto, de um livro escrito a várias mãos e cuja diversidade sobre o tema é fundamental para quem deseja compreender o tema sob outras perspectivas.

POLYA, G. **A arte de resolver problemas**: um novo enfoque do método matemático. 2. ed. Rio de Janeiro: Interciência, 2005.

Nesse livro clássico sobre resolução de problemas, George Polya fundamenta sua proposta de ensino para a matemática. A obra é fundamental para quem deseja um aprofundamento nessa ferramenta, pois a apresenta por meio de uma descrição metodológica de fácil compreensão e com exemplos e discussões de situações práticas.

Respostas

Capítulo 1

Atividades de autoavaliação

1. a
2. c
3. d
4. d
5. a

Atividades de aprendizagem

Questões para reflexão

1. A resposta é dada em função do livro e dos problemas escolhidos. No entanto, esses problemas apresentarão forte evidência dos aspectos matemáticos e físicos. Em relação a estes, deve-se observar o envolvimento da matemática como estruturante do conhecimento físico e as respectivas características essenciais relacionadas à matemática; porém, esses aspectos necessitam ser analisados à luz dos conhecimentos e das interpretações da física.

2. A resposta é pessoal, mas uma abordagem possível seria: Quando um professor de física está resolvendo um problema que utiliza a matemática para encontrar a solução e, em dado momento, faz a seguinte afirmação: "Agora, o resto é com a matemática!" – situação típica em que o momento em questão diz respeito à resolução de alguma equação algébrica.

Atividade aplicada: prática

1. Espera-se que você escreva um texto que reflita os principais pontos discutidos no artigo em questão, ou seja, você deve abordar o aspecto que diz respeito à matemática como estruturante do conhecimento físico e os episódios relatados no artigo.

Capítulo 2

Atividades de autoavaliação

1. a
2. b
3. a
4. a
5. a

Atividades de aprendizagem

Questões para reflexão

1. Nesta resposta, você deve apontar uma das perspectivas sobre a interdisciplinaridade (ou mais de uma), com uma justificativa que relacione a proposta escolhida a sua concepção pessoal.
2. A resposta é pessoal e deve conter o posicionamento (favorável ou não) em relação à perspectiva apontada no texto. Vale lembrar que o texto critica um ensino de matemática contextualizado.

Atividade aplicada: prática

1. Espera-se que a resposta seja elaborada na forma dissertativa e descreva as concepções acerca da interdisciplinaridade, além da forma como deve ser um ensino interdisciplinar e do modo como ele ocorre numa dada prática pedagógica. Você pode citar práticas condizentes com as concepções teóricas, contraditórias em relação a elas ou até situações em que a concepção de interdisciplinaridade e a prática pedagógica interdisciplinar podem estar equivocada.

Capítulo 3

Atividades de autoavaliação

1. c
2. b
3. a
4. d
5. a

Atividades de aprendizagem

Questões para reflexão

1. Nesta resposta, você deve apresentar uma proposta de ensino que envolva os três momentos pedagógicos propostos por Delizoicov (2001) e, principalmente, a uma avaliação sobre as dificuldades de escrever uma proposta com essa perspectiva, bem como sobre os aspectos dela que considerou inovadores.
2. A estrutura da resposta pose ser semelhante à resposta do exercício anterior, porém com informações sobre as três etapas da modelagem matemática segundo Biembengut e Hein (2009).

Atividade aplicada: prática

1. A aplicação da proposta pode trazer uma daquelas elaboradas no item "Atividades de aprendizagem" e as considerações devem refletir o momento prático da atividade aplicada, além da avaliação pessoal acerca das contribuições ao ensino da disciplina em questão.

Capítulo 4

Atividades de autoavaliação

1. a
2. d
3. e
4. c
5. c

Atividades de aprendizagem

Questões para reflexão

1. A resposta terá de ser na forma de um texto dissertativo, no qual você deve expor o seu ponto de vista sobre a contextualização e, também, sua opinião (se concorda ou discorda) no que diz respeito à afirmação contida no último parágrafo. Além disso, deve expor exemplos ou contraexemplos que concordem com a posição adotada.
2. Você, nesta resposta, deve argumentar sobre o uso da história da matemática no ensino de matemática com afirmações que indiquem as vantagens e as desvantagens do uso dessa forma de abordagem no ensino.

Atividade aplicada: prática

1. Para essa questão, você deve elaborar e aplicar uma proposta de ensino de um dado conteúdo matemático ou físico a partir da modelagem matemática. Ainda, após a aplicação dessa proposta, você deve relatar acerca dos resultados pedagógicos alcançados e as contribuições que a solução proporcionou à disciplina.

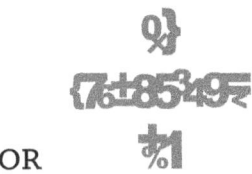

Sobre o autor

Otto Henrique Martins da Silva é pós-doutorando e doutor pelo Programa de Pós-Graduação em Educação (PPGE) da Pontifícia Universidade Católica do Paraná (PUPR); mestre em Educação pela Universidade Federal do Paraná (UFPR); especialista em Matemática para Professores do Ensino Médio pela mesma instituição e em Tutoria para a Educação a Distância (EaD) pelo Centro Universitário Internacional Uninter; licenciado e bacharel em Física pela UFPR e licenciado em Matemática pela PUCPR. Atualmente, é professor da Secretaria de Estado da Educação do Paraná e do curso de Física da PUCPR. Atua como Coordenador de Área do Núcleo de Matemática e Física do Programa Institucional de Bolsas de Iniciação à Docência (Pibid), integrante do grupo de pesquisa Prática Pedagógica no Ensino e Aprendizagem com Tecnologias Educacionais (Prapetec) do PPGE da PUCPR. Também é autor de livros e materiais didáticos nas áreas de matemática e física e elaborador de itens para exames oficiais do Instituto Nacional de Estudos e Pesquisas Educacionais Anísio Teixeira (Inep) – Sistema de Avaliação da Educação Básica (Saeb), Exame Nacional para

Certificação de Competências de Jovens e Adultos (Enceja), Exame Nacional de Desempenho de Estudantes (Enade) e Exame Nacional do Ensino Médio (Enem). Tem especialidade no desenvolvimento e na criação de objetos de aprendizagem e experiência nas áreas de tecnologias educacionais, competências digitais, ensino de Física e de Matemática e EaD, atuando, principalmente, no seguinte tema: tecnologias educacionais, competências digitais e objetos de aprendizagem aplicados ao ensino.

Os papéis utilizados neste livro, certificados por instituições ambientais competentes, são recicláveis, provenientes de fontes renováveis e, portanto, um meio responsável e natural de informação e conhecimento.

Impressão: Reproset